A METAMORFOSE
— DO —
VENCEDOR

MARCO JUAREZ REICHERT

A METAMORFOSE DO VENCEDOR

MUDAR PARA NÃO MORRER

COMO APROVEITAR AS
OPORTUNIDADES EM UM MUNDO
DE PROFUNDAS TRANSFORMAÇÕES

ALTA BOOKS
EDITORA
Rio de Janeiro, 2021

A Metamorfose do Vencedor
Copyright © 2021 da Starlin Alta Editora e Consultoria Eireli. ISBN: 978-65-552-0510-7

Todos os direitos estão reservados e protegidos por Lei. Nenhuma parte deste livro, sem autorização prévia por escrito da editora, poderá ser reproduzida ou transmitida. A violação dos Direitos Autorais é crime estabelecido na Lei nº 9.610/98 e com punição de acordo com o artigo 184 do Código Penal.

A editora não se responsabiliza pelo conteúdo da obra, formulada exclusivamente pelo(s) autor(es).

Marcas Registradas: Todos os termos mencionados e reconhecidos como Marca Registrada e/ou Comercial são de responsabilidade de seus proprietários. A editora informa não estar associada a nenhum produto e/ou fornecedor apresentado no livro.

Impresso no Brasil — 1ª Edição, 2021 — Edição revisada conforme o Acordo Ortográfico da Língua Portuguesa de 2009.

Produção Editorial Editora Alta Books	**Produtores Editoriais** Illysabelle Trajano Thiê Alves	**Coordenação de Eventos** Viviane Paiva eventos@altabooks.com.br	**Equipe de Marketing** Livia Carvalho Gabriela Carvalho marketing@altabooks.com.br
Gerência Editorial Anderson Vieira	**Assistente Editorial** Luana Goulart	**Assistente Comercial** Filipe Amorim vendas.corporativas@altabooks.com.br	**Editor de Aquisição** José Rugeri j.rugeri@altabooks.com.br
Gerência Comercial Daniele Fonseca			
Equipe Editorial Ian Verçosa Thales Silva Maria de Lourdes Borges Raquel Porto	**Equipe de Design** Larissa Lima Marcelli Ferreira Paulo Gomes	**Equipe Comercial** Daiana Costa Daniel Leal Kaique Luiz Tairone Oliveira Thiago Brito	
Revisão Gramatical Carolina Ponciano Fernanda Lutfi	**Diagramação** Heric Dehon	**Capa** Rita Motta	

Publique seu livro com a Alta Books. Para mais informações envie um e-mail para autoria@altabooks.com.br

Obra disponível para venda corporativa e/ou personalizada. Para mais informações, fale com projetos@altabooks.com.br

Erratas e arquivos de apoio: No site da editora relatamos, com a devida correção, qualquer erro encontrado em nossos livros, bem como disponibilizamos arquivos de apoio se aplicáveis à obra em questão.

Acesse o site **www.altabooks.com.br** e procure pelo título do livro desejado para ter acesso às erratas, aos arquivos de apoio e/ou a outros conteúdos aplicáveis à obra.

Suporte Técnico: A obra é comercializada na forma em que está, sem direito a suporte técnico ou orientação pessoal/exclusiva ao leitor.

A editora não se responsabiliza pela manutenção, atualização e idioma dos sites referidos pelos autores nesta obra.

Ouvidoria: ouvidoria@altabooks.com.br

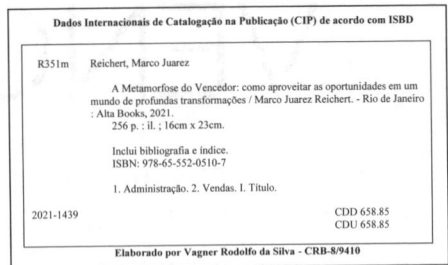

Dados Internacionais de Catalogação na Publicação (CIP) de acordo com ISBD

R351m   Reichert, Marco Juarez
          A Metamorfose do Vencedor: como aproveitar as oportunidades em um mundo de profundas transformações / Marco Juarez Reichert. - Rio de Janeiro : Alta Books, 2021.
          256 p. : il. ; 16cm x 23cm.

          Inclui bibliografia e índice.
          ISBN: 978-65-552-0510-7

          1. Administração. 2. Vendas. I. Título.

2021-1439   CDD 658.85
                                                             CDU 658.85

Elaborado por Vagner Rodolfo da Silva - CRB-8/9410

Rua Viúva Cláudio, 291 — Bairro Industrial do Jacaré
CEP: 20.970-031 — Rio de Janeiro (RJ)
Tels.: (21) 3278-8069 / 3278-8419
www.altabooks.com.br — altabooks@altabooks.com.br
www.facebook.com/altabooks — www.instagram.com/altabooks

Dedico este livro à Graça (esposa), a Fernanda e Felipe (filhos) acompanhados de seus pares, à Giovana, Débora e Melissa (netas), à Marina (mãe), a Alfredo (pai - in memoriam), a César e Paulo (meus irmãos), a toda família e aos queridos amigos.

SUMÁRIO

MUDAR, POR QUÊ?	17
SIM, QUERO MUITO MUDAR	23
TRANSFORMAÇÕES QUE MUDARAM A HUMANIDADE	29
A IMPREVISIBILIDADE E O EREMITÉRIO	43
AS QUATRO REVOLUÇÕES INDUSTRIAIS	49
A Primeira Revolução Industrial	50
A Segunda Revolução Industrial	52
A Terceira Revolução Industrial	54
A Quarta Revolução Industrial	57
MEGATENDÊNCIAS	71
Tipos de megatendências	73
Megatendências sociais	75
Doenças infecciosas	77
Pandemia da Covid-19	79
O vovô e o neto rumo a Disney	85
As gerações	90
O bullying e a intolerância	99
Corrupção – o grande mal do ser humano	105
O emprego	111
Cooperativismo e sistema financeiro	156
Megatendências Demográficas	162
Crescimento populacional no Brasil	164
População mundial	166
Urbanização	167
Megatendências tecnológicas	171
Conectividade e o smartphone	181
A internet das coisas e a inteligência artificial	185

O dinheiro	193
A impressão em 3D	196
CAPACITAÇÃO	**203**
Empreendedorismo	207
Práticas de finanças	217
FILANTROPIA	**223**
ARTES, ESPORTES E OUTROS INTERESSES	**231**
UMA VENCEDORA	237
CONSIDERAÇÕES FINAIS	**241**
LISTA DE ACRÔNIMOS	**246**
ÍNDICE DAS FIGURAS	**248**
BIBLIOGRAFIA	**249**
ÍNDICE	**251**

AGRADECIMENTOS

No decorrer da elaboração deste livro, precisei da colaboração de alguns amigos e profissionais de diversas áreas. Foram várias conversas que me auxiliaram a conceber o conteúdo desta obra. Agradeço a todos que ajudaram neste meu objetivo. Nenhum deles se negou a emitir sua opinião e a contar sobre sua experiência dentro do contexto, o que foi de grande valia para mim.

A pessoa a quem devo eterna gratidão é minha esposa, Maria da Graça, com seu alto-astral tão destacado. Ela jamais esmoreceu em seu apoio às incontáveis horas que me dediquei ao livro. Sim, ela renunciou a um convívio diário maior comigo, mesmo no período de convalescença do tratamento de saúde ao qual foi submetida neste período. Fiz o possível para alcançar um equilíbrio entre o livro e a atenção à minha amada. Precisamos um do outro. Até por esta razão, levei mais tempo do que previa para concluir meu objetivo. A quarentena forçada favoreceu o tempo maior de convívio entre nós e as melhorias obrigatórias do conteúdo.

Outro ilustre colaborador especial, que fez uma análise crítica do conteúdo do livro e não hesitou em externar sua visão, foi meu irmão, Dr. César Luís Reichert. Sei que ele perdeu horas e horas lendo e tecendo comentários construtivos no aperfeiçoamento do que estava escrito. Refiz várias partes, desisti de outras, consertei onde era preciso. Mano, o meu muito obrigado.

Não há como deixar de reconhecer todos os autores, citados nas referências bibliográficas, os quais sedimentaram as bases para o desenvolvimento do meu trabalho. Ative-me a um acervo de obras consagradas e de materiais disponíveis na grande rede. Seria impraticável escrever sem me socorrer do conhecimento acumulado de todos esses talentos.

Por fim, seria injusto não expressar meus sinceros agradecimentos à editora Alta Books, por ter aceitado o desafio de publicar meu livro. Ao J.A. Rugeri, estrategista de conteúdo da referida organização, que desde o primeiro contato se mostrou receptivo à minha proposta, expresso aqui minha homenagem para externar o quanto lhe sou grato.

INTRODUÇÃO

O ser humano tem uma habilidade incrível de adaptação às mudanças macroambientais. Durante seu processo evolutivo, foram incontáveis situações nas quais precisou se adaptar para garantir sua sobrevivência. A saída das savanas quentes da África para uma Europa muito fria marcou uma época de adaptações e desenvolvimento mental para viabilizar a sobrevivência da espécie. A nossa sobreviveu pois soube se adaptar. Nos dias atuais, o homem se depara diante de uma revolução tecnológica imensa e com todas as suas implicações: mais uma vez, o ser humano precisará se transformar para acompanhar o novo padrão imposto pelo mundo digital.

A reflexão passa por aquilo que queremos ser: Uma pessoa dentro dos padrões da maioria ou alguém fora da curva? O que é certo ou errado? Temos opções e as respectivas consequências de nossas escolhas podem fazer a real diferença entre o acomodado e o resoluto, entre o perdedor e o vencedor. Precisamos exercer nossa capacidade de mudar de acordo com o ambiente, e o fazemos conforme a necessidade de adequação. O mestre da camuflagem é o camaleão. Mas a transformação proposta é mais do que uma simples mudança da aparência. Ela é para aproveitarmos o que há de novo no mundo que venha a facilitar a nossa vida e termos mais prazer em viver. Para não "morrermos", temos que experimentar e aprender até o fim de nossas vidas. A transformação não é meramente uma mudança. Não é dela que trato neste livro, mas sim de algo bem mais profundo. A metáfora do camaleão ilustra, com toda sua simplicidade, a preocupação deste livro, que consiste em mudar para não morrer. Todavia, não se trata de como nos vestimos para ir a uma festa, e sim de como devemos enfrentar as mudanças que o mundo nos impõe e como tirar proveito desse novo ambiente.

Por isso, sinto-me no dever de trazer informações históricas para agregar conhecimento suficiente para o leitor, sobre o que está acontecendo e sobre a forma abrupta das mudanças que impactarão em sua vida. Espero que os alertas aqui reiterados possam deixá-lo mais consciente sobre as decisões de sua escolha e as possíveis consequências desse processo. Ao longo do livro, exponho razões para mudar e ensejar que se compre essa ideia. Se assim for, estará dado o primeiro passo. Se o cidadão não acompanhar o que vem acontecendo, principalmente, devido à tecnologia abarcada e a um novo comportamento humano, ou mesmo a eventos extraordinários, corre o risco de se transformar em um "eremita digital". Este é aquele que vive à margem da sociedade, sem conseguir participar dela plenamente. Aí, o isolamento, involuntário ou não, é a consequência natural, o que aqui será tratado como a morte. O que vale tanto para a vida privada quanto para o âmbito profissional.

Valendo-se do conteúdo do livro, executivos, empreendedores e estrategistas podem complementar seu arsenal de informações para revisitar a visão de longo prazo de suas organizações e, se for o caso, romper com os paradigmas da continuidade linear acreditada para seus negócios. A inovação disruptiva não é uma reta, pois a função do que a tecnologia está trazendo nos próximos anos cresce, aceleradamente. A curva é exponencial. Os atentos tendem a colher os louros da vitória.

Para uma melhor compreensão de como uma transformação acelerada pode afetar a civilização, fiz uma contextualização sobre algumas das grandes transformações ocorridas na história que foram pinçadas para que fique clara a linha do tempo entre uma e outra. Mudanças que levavam milênios para acontecer passaram a levar séculos, depois décadas, anos, meses e agora elas são diárias, para não dizer que ocorrem em questão de horas.

Nos últimos dois séculos, o conhecimento tomou proporções nunca antes vistas. As inovações começaram a impactar na população de uma forma determinante. O mundo passou a experimentar alguns processos de industrialização, que são chamados de Revoluções Industriais. Cada uma delas representa uma evolução daquilo que as anteriores fizeram. A primeira precisou de quase toda a existência do homem para acontecer. A Quarta Revolução Industrial é a que recém iniciou e a de maior impacto tecnológico. É nesta circunstância que anseio integrar o leitor ao desenvolvimento do conteúdo do livro.

Neste momento, valeria a pena conjecturar sobre o que tende a vir no futuro próximo para a humanidade. Aquilo inferido como probabilidade de que venha a acontecer ou se intensificar — globalmente ou em uma ampla região que não depende de nós, indivíduos, para que aconteça — é uma megatendência. Para facilitar o desenvolvimento das ideias e a compreensão daquilo que consiste nessas macrotendências, os diferentes tipos são aqui agrupados em sociais, demográficas e tecnológicas. O campo social inclui temas esperados e outros incomuns na literatura das megatendências, como o bullying e a corrupção. Acredito que tendem a persistir em muitos países, razão dessa inclusão. Não me furtei de mostrar algumas sugestões para uma vida mais aprazível e justa. Daí, o cooperativismo ter sido incorporado no capítulo.

O grande tema do momento, e que tem se repetido ao longo da história, é o das doenças infecciosas. Hoje, qualquer conversa passa pela Pandemia da Covid-19. Ao contrário do que muitos dizem, era algo esperado, cuja atenção global foi totalmente negligenciada e que vêm se repetindo, pois sempre se constituíram em algo imaginado, como tendência. Logo, pode-se pressupor que outras doenças infecciosas virão. De que tipo, quando e onde, exatamente, não se sabe. Contudo, em um mundo globalizado como o atual, não há mais limites geográficos para vírus ou bactérias se alastrarem rapidamente.

Além dessas doenças que afetam milhões ou bilhões de pessoas, existem ainda outras questões sociais discorridas, como as diferenças comportamentais entre distintas gerações e, com um pouco mais de conteúdo, a questão do emprego. Esse sim, um problema que tende a afetar seriamente o mundo. As relações do trabalho remunerado estão mudando em sua forma e conteúdo. Profissões novas vão surgir e outras, tradicionais, desaparecerão. Alguns caminhos desafiantes são propostos ao leitor que queira se habilitar a um novo emprego ou ser o dono do próprio negócio.

Além das tendências no campo social, o grupo das demográficas destaca pontos importantes sobre o crescimento populacional, onde ele ocorrerá mais intensamente, ou onde e quando será possível esperar um declínio do número de habitantes. O envelhecimento da população cria oportunidades no mercado e algumas delas são elencadas. O processo de urbanização atrairá mais e mais empreendedores de serviços especializados. A demanda por infraestrutura e por todos os requisitos básicos de qualquer nação bem desenvolvida será crescente. Dessa forma, as megatendências demográficas mereceram atenção, pois tendem a ser as mais certeiras das previsões.

Finalizando esta seção daquilo que é esperado que aconteça, vem a abordagem dos impactos advindos da tecnologia, já que estamos iniciando o período da Quarta Revolução Industrial. Dentre as tecnologias aqui abordadas, a Conectividade, a Inteligência Artificial, a Internet das Coisas, o Dinheiro Virtual e a Impressão em Três Dimensões, são ressaltadas, uma vez que caracterizam a presente revolução industrial.

Um capítulo merecedor da atenção do leitor é o que disserta sobre capacitação. Acredito que o propósito desta obra será alcançado somente se cada leitor passar por um processo de conscientização de que poderá optar em seguir como está (cada um é livre para fazer o plano de vida que quiser), ou sair da sua zona de conforto e se manter atualizado em relação ao que está acontecendo no mundo. Instigo-o a refletir a respeito, já que as transformações estão ocorrendo, queiramos ou não. Tudo aquilo que está por vir vai intensificar a necessidade de ser, não apenas diferente do rebanho, mas único. Só assim você garantirá sua inserção no mercado de trabalho e no acesso às tecnologias dos novos tempos.

Aqui, serão apresentadas algumas recomendações que auxiliam a uma vida mais participativa na sociedade e que possam contribuir com o bem-estar próprio e dos demais. A filantropia e as artes, dentre elas, podem elevar um cidadão a um nível de felicidade bem mais confortante. Fazer bem a si mesmo e aos outros, pelas relações estabelecidas com essas pessoas, gera satisfação às partes. A sensação de ter feito algo importante, com generosidade, promove também o crescimento do ser humano. Tanto se fala, nas empresas, sobre valor agregado, mas pouco no sentido de gerar valor em si mesmo e naqueles à sua volta. É bom dar um sentido maior à própria vida. A experiência adquirida é para sempre.

Não poderia deixar de tecer recomendações sobre o empreendedorismo, o que mais exercitei profissionalmente em minha vida. Vejo a opção como uma saída nesse cenário de alto índice de desemprego. Empreender não é mais se juntar com alguém e fazer algo que não se tem experiência, isso é, sem saber projetar o capital necessário e sem ter em mente onde se deseja chegar. Pior ainda é não conhecer o mercado no qual se quer entrar. A competição e o número de pessoas mais qualificadas no mercado têm aumentado bastante. Dessa forma, "Como se distinguir dos demais" será a chave para o sucesso. Assim, o empreendedorismo será seguido por algumas recomendações básicas sobre finanças pessoais e empresariais, posto que o empreendedor precisará ter uma boa noção dessa área do conhecimento para ser um vencedor em um mundo demasiadamente competitivo.

Pitadas poéticas estão inseridas ao longo do livro, pois o ser humano precisa das artes para viver. A poesia pode agregar uma sensação de agradável leveza, que ameniza o estresse mental ao qual o leitor está sendo submetido a todo momento. Serve também como um intervalo de descanso para a mente, dando breve trégua às redes neurais. O cérebro está sempre dedicado à busca de soluções racionais e lógicas para a vida. Um texto, às vezes pesado, precisa ser abrandado e, portanto, a poesia tem essa propriedade.

A Metamorfose do Vencedor tem o firme propósito de animar, incitar e encorajar as pessoas a se transformar para terem uma vida melhor, em um mundo que exige, de todos, novas capacidades, criatividade e colaboração permanentes. Embora a felicidade não possa ser quantificada, as ideias propostas neste livro pretendem ver o leitor vencendo as barreiras para ser uma pessoa ainda mais feliz.

MUDAR, POR QUÊ?

SUA EMPRESA PODE ESTAR INDO MUITO BEM NOS NEGÓcios e você, com a carreira bem-sucedida. A capacitação é permanente para você, assim como a inovação para a empresa. Felicito-os. O livro não será tão útil para estes casos. Todavia, para os demais, é hora de fazer algo bem diferente daquilo que tem sido feito ao longo dos anos. Outros farão e irão colher os bons frutos.

Honestamente, desconheço alguém, por mais feliz e afortunado que seja, que se enquadre nessa situação de renunciar a coisas melhores para a própria vida, ou para a dos seus familiares, amigos e colegas, bem como para a sociedade, quer sejam materiais ou imateriais. Os valores intangíveis podem ser os mais difíceis de ser conquistados. Se você não é feliz, apesar de toda a sua riqueza, deve mudar para alcançar a felicidade. Se você não suporta mais o seu emprego, onde trabalha no mesmo cargo há longos anos e vê outros menos experientes assumirem posições melhores, enquanto está estagnado, você deve mudar imediatamente. Mas como? Que tal mudar de emprego? Que tal mudar seu perfil e se dispor a crescer dentro dessa mesma organização na qual vem se dedicando há tanto tempo? Já teve uma conversa franca com as lideranças decisórias a respeito? Para tudo isso, esteja preparado para ouvir sobre suas fraquezas, que devem existir — todos têm pontos a melhorar —, do contrário, suas fortalezas já teriam sido suficientes para sua promoção.

Você precisa provar que merece melhor sorte — conhecendo-se,[1] entendendo o ambiente ao seu redor e do mundo afora, planejando, agindo e acompanhando seu próprio progresso. Os outros poderão fazê-lo antes de você, então por que esperar mais e mais? E, se você tem um cargo de liderança, mas não se reúne, individual e periodicamente, com seus liderados, a fim de dar-lhes um feedback, sinto dizer, mas você parou no tempo, amigo. Hoje não se admite mais que um líder não exerça a capacidade de colaborar com sua equipe, para que ela melhore ainda mais. A falta de reconhecimento é um agente desmotivador impiedoso. Mude sua atitude e verá que você também terá a sensação de ter feito algo bom e importante.

Não obstante, as empresas que vivem sérias dificuldades pagam o preço das decisões que o alto-comando tem tomado, salvo se o insucesso se deve a algo extraordinário, impossível de se prever e que tenha causado um impacto destruidor no negócio, tal qual o cisne negro, de Taleb (2016). Se alguém com a mesma profissão ou outra empresa do mesmo ramo estiver bem, então a culpa dos seus problemas e dificuldades é, principalmente, sua. Não pode ser atribuída somente a outros, ao governo, que de fato atrapalha com sua burocracia e muito, mas assim o faz a todos; tampouco, deve-se atribuir a culpa exclusiva ao mercado. Dói, não? Se alguém consegue, qual a razão de você não conseguir? Será mesmo factível que alguém possa mudar, consiga melhorar e que o negócio prospere? A afirmativa é retumbante se você for merecedor, mas também significa que, caso esteja fazendo o mesmo sempre, nada de diferente acontecerá Mudança requer atitude, comprometimento consigo mesmo, esforço, estratégia, alianças...

Ser feliz é o mais importante. Para Harari (2016), uma vida cheia de sentido gera felicidade, ainda que convivendo com infortúnios. Por outro lado, uma vida sem sentido deve ser um suplício e não é vida, logo, é morte. Para quem se enquadrar na primeira, mudar pode representar uma vida ainda melhor. No entanto, para quem navega por uma jornada existencial sem sentido, mudar é mister para a própria felicidade. Mas a felicidade é de fato algo que você busca? Para comprovar, inseri a palavra "felicidade" no Google e fiquei perplexo ao ver que ela tem

---

1. TZU, Sun. **Princípios da Arte da Guerra**. "Se você não conhece o inimigo em si mesmo, perderá todas as batalhas.".

60.500.000 resultados, aproximadamente. Isso significa que as pessoas não estão se sentindo felizes? Talvez essa seja uma das razões, quem sabe a principal. Para Dias (2011), a felicidade representa um sonho de todos os seres humanos, e ele vai além ao expor sua ideia de que toda e qualquer pessoa almeja, busca e sonha em alcançar a felicidade. O que é feito por meio da constatação de que o termo desperta interesse desde os grandes filósofos da Grécia Antiga, e até hoje a palavra é motivo de inúmeros artigos e discussões.

Atrevo-me a concluir que nenhum de nós é, completamente, feliz. Sempre almejamos algo que ainda não temos, mas que sonhamos ter. Se minha premissa for verdadeira, no que creio ser, todos temos algo para realizar, algum objetivo a atingir, seja ele tangível ou intangível, como um bem material, ou a cura de uma enfermidade, respectivamente. Uns podem ter mais sonhos a ser concretizados do que outros, mas, sem dúvida, todos nós desejamos algo que acreditamos nos dará um sentido de plena realização. Quero acreditar que todos morreremos com muitos desejos não realizados em nossas vidas. Para as pessoas que talvez digam que já alcançaram tudo o que queriam e que, assim, estão na etapa final de suas vidas, desconfio de que elas desejem uma morte totalmente sem sofrimento, e despercebida. Costumamos nos confortar quando a morte de alguém ocorre enquanto estiver dormindo. O inesperado fim de vida chega como um golpe certeiro, fulminante e indolor. Mais um ponto a fortalecer a tese de que sempre continua-se sonhando, pois todos temos desejos que gostaríamos de ver cumpridos, ainda que seja o de deixar nossa existência sem traumas.

E o que teria acontecido se você não houvesse mudado muitas vezes na sua vida? Não é difícil de entender que o mundo tem sido remodelado aceleradamente e que todos nós precisamos nos adaptar e mudar em muita coisa que não gostaríamos, sob pena de ficarmos inaptos e inoperantes. É mais simples querer se manter em uma zona que conhecemos e que nos deixa confortáveis. Proliferam exemplos no cotidiano, basta refletir a respeito. Se você fechar os olhos por alguns dias, quando abri-los, o mundo já será outro. É impossível se banhar nas mesmas águas de um rio, já que há o movimento da corrente. Nada é permanente, apenas a mudança, já dizia o filósofo pré-socrático, pai da dialética, Heráclito de Éfeso, há cerca de 2.500 anos.

Vou explorar a sabedoria da filosofia da Grécia antiga, com Platão (2014), na alegoria da caverna. Imagine como ela se relaciona com o tema da mudança de impacto, de aceitá-la ou não. Na narrativa havia uma caverna com prisioneiros acorrentados e imobilizados, de tal sorte que só podiam olhar para frente. Estavam presos assim desde que nasceram. Atrás deles, havia uma fogueira e entre ela e esses prisioneiros, certa elevação. Tudo o que viam eram projeções na parede do fundo da caverna, vindas da luz da fogueira e das sombras daqueles que passavam entre ela e a elevação. Pensavam que os sons dos homens e animais vinham do fundo da caverna até eles, os prisioneiros, pois o que lhes chegava era o eco, já um tanto distorcido. Eram imagens disformes, com movimentos de sombras e uma luz muito pálida. Esse se constituía no único mundo que esses prisioneiros conheciam. Era essa a realidade inquestionável deles. Certo dia, um dos prisioneiros fugiu e alcançou o mundo exterior à caverna. Ficou ofuscado pela luz do sol, o que lhe ocasionou dores intensas, mas aos poucos foi se adaptando e se dando conta de um mundo que não imaginara que pudesse existir: com cores, pessoas, animais, vegetação, objetos diversos e com sons e ruídos antes não experimentados. Ele, o destemido, teria se sentido consternado pela situação dos demais prisioneiros, que jamais haviam visto e sequer sabido desse mundo exterior. Nada conheciam além das trevas e das sombras embaçadas e enigmáticas. Ele volta, extasiado, para contar-lhes o que tinha visto. Como teria sido a volta ansiosa dele para dizer-lhes o que havia conhecido? Desconsideraram aquele testemunho, desdenhando e repudiando o colega, uma vez que nada poderia ser diferente daquilo que sempre conheceram. Como poderiam acreditar que existia algo diferente daquilo que sempre viram? Só um louco duvidaria e esse não teria o direito de subverter a ordem estabelecida. O novo estava lá fora, mas era preciso sair da penumbra para se deleitar de tudo aquilo que a luz proporcionava. Para os temerosos, ficam as trevas e as imagens distorcidas da realidade. Esses tolhem as iniciativas de quem quer mudar. Não aceitam a mudança. Preferem a segurança do fundo da caverna, do que a luz, o conhecimento e a verdadeira vida. Para Kahneman (2011), por vezes somos cegos ao que é evidente, mas ser cego à própria cegueira é um problema.

O nosso insucesso somente existe pela razão de termos em mente o sucesso de outrem. A inércia do cingido é vencida pela iniciativa, que desenlaça o ânimo e dá a coragem necessária para querer enfrentar a transformação. Aristóteles (2015) ressaltava que um homem digno se aflige com o infortúnio de outrem. O invejoso chega a se afligir com o sucesso alheio. Mas se você for aquele sujeito teimoso, que está contente com sua vida e não quer mudar nada, eu diria que é um caso de desperdício. Bem, é um direito seu, sei disso. Acredito que essa sua competência toda poderia ser utilizada para ajudar outras pessoas. Caso você se considere realizado, se dedique às causas nas quais a sua contribuição, pela experiência, conhecimento e até de recursos, possa agregar algo na vida de outros desafortunados. Seja uma pessoa melhor ainda e, para isso, mude! Mude desde já! Comece imediatamente! Busque a luz do lado de fora da caverna e se prepare para a adaptação, para o aprendizado e para o novo, ou seja, a luz. Com o tempo, você conseguirá. Aliás, qualquer um consegue, mas um dia é necessário começar a trilhar por este novo caminho.

Se fosse resumir em uma ideia o que está sendo proposto neste livro, eu diria: o mundo está em época de mudanças tão disruptivas e velozes, que se eu fizer a mesma coisa todo dia, como há muito tempo, não vou conseguir colher os resultados que vinha tendo, pois aquele mundo já não mais existe. Precisamos de uma **transformação de verdade — uma metamorfose — não de simples mudanças,** pois essas não serão suficientes. Na concepção de Aristóteles (2015), nem aquele homem que é feliz, nem tampouco a felicidade, podem ser moldados em pouco tempo, menos ainda em um único dia. Vamos criar e provocar uma transformação na nossa realidade, que há muito nos acompanha. Seu dever é o seu devir.

Figura 1: Ciclo da inteligência para a tomada de decisão

SIM, QUERO MUITO MUDAR

CERTO JOVEM ERA UMA DAQUELAS PESSOAS NEGATIVAS, que parecia atrair para si tudo que era ruim, que não podia ver alguém com luz própria, tratando de não permitir sequer que ela emanasse de si mesmo. O medo da mudança, e de sair da zona de conforto, o impede de evoluir. Mas, em um lampejo célere, como um raio incomum que ilumina sua mente, e vendo alguns outros brilharem com magnitude de uma estrela de primeira grandeza, ele fica a pensar sobre o que queria para sua vida. Chega à conclusão de que precisaria mudar desde já, para que, em alguns anos, consiga alcançar seu objetivo. O medo será superado com estratégia, objetivos e metas claras a serem atingidas. Traçar uma estratégia de ações para tal feito — o que inclui aperfeiçoamento técnico profissional, desenvolvimento e aprimoramento de outras capacidades, como liderança e autoestima — é uma prática de gestão da vida pessoal, não só das empresas. Que tal contratar um profissional para uma orientação sobre sua carreira e ir à luta? Outro colega, do tipo medroso, que não teve essa vontade, essa perseverança e nem esse objetivo continuou por um breve período na função, antes de ser demitido. O primeiro fez tão bem a lição de casa e quis tanto mudar para melhorar sua vida, que finalmente conseguiu. Em seguida, veio a promoção tão almejada em sua carreira e ele, a partir daí, passou a incentivar os outros a fazer o mesmo. Está radiante. Todavia, o outro, sem motivação alguma, só espera o tempo passar, como se alguma solução milagrosa fosse cair em seu colo.

Já um contador aposentado, que não precisava mais galgar posições e nem provar nada a outrem, queria se sentir mais ocupado e fazer algo que agregasse valor à sua existência e, de quebra, aos menos favorecidos. Buscava algo que contribuísse com a sua própria felicidade. Matriculou-se em um curso de Filosofia, pois queria entender melhor a história do pensamento humano, para compreender com mais profundidade esse nosso mundo habitado. Graduou-se com louvor e, como dizia Kahneman (2011), o projeto foi válido e os benefícios foram superiores aos custos. Um bom exemplo de efeito heurístico.[1]

Quem quiser aprender uma nova profissão, ou se aprimorar no campo de conhecimento que já trabalha, pode e deve fazê-lo. A educação formal pela escola ou universidade tradicional é um caminho, embora não único e, de certa forma, questionável. Outro, é o ensino a distância (EAD), amplamente ofertado pelas universidades. Hoje você pode acessar o conteúdo das melhores universidades do mundo por meio de cursos online. Por que se ater a uma instituição de pouco prestígio? Pode ser um curso rápido (extensão), uma graduação ou até mesmo uma especialização. Vale a pena investigar as opções, o que é muito fácil com os serviços gratuitos de busca da internet, como o Google. É possível também encontrar vários cursos na área de gestão da tecnologia da informação (TI) e da inteligência artificial (IA), que são contemplados pela Coursera,[1] cuja inscrição no site é grátis.

Lembro quando, em 1988, liderei um projeto de *know-how* (tecnologia) para montar uma pequena fábrica de compostos de PVC — um plástico, no caso flexível, para posterior confecção de chinelos de praia —, em Trípoli, na Líbia. Quando fui contratado, tinha pela frente cerca de meio ano e precisei fazer uma escolha: aprender a falar inglês ou árabe. Escolha óbvia. Na época, havia uma revistinha semanal de um curso de inglês criado pela Corporação Britânica de Radiodifusão (BBC) que podia ser adquirido nas bancas de revistas. Era o Follow Me, com o conteúdo de uma apostila e fita cassete. Devorei aquele conteúdo. Até no banheiro ia com meu *Walkman* da Sony, escutando as fitas repetidamente e acompanhando a leitura nas revistinhas. Era o máximo que a tecnologia de

---

1. Heurística é a arte de se descobrir, de se inventar para ter respostas às complexidades postas diante de si.

ensino a distância oferecia, à época. Não me tornei fluente, obviamente, mas aquele aprendizado me permitiu executar o projeto em Trípoli. Naquela época, não havia internet e nem celular. Era a vez do telex. Os mais jovens não compreenderão essa parte, mas é isso mesmo. É a prova de como as mudanças acontecem e as inovações disruptivas substituem equipamentos e mudam hábitos há muito consolidados.

Foi assim que a italiana Olivetti perdeu o bonde da história na década de 90, ficando com as máquinas de escrever mecânicas e elétricas quando surgiram os computadores com editores de texto. Faltava a ela a tecnologia e o capital para fabricar computadores e competir com os gigantes americanos do ramo. Na década passada, a Telecom da Itália assumiu a Olivetti e a empresa passou a participar no mercado de impressoras. A profissão de datilógrafo e as escolas de datilografia desapareceram. A Microsoft tomou conta do mercado com seu pacote Office. Seu editor de texto Word é, praticamente, ubíquo em todo o mundo ocidental, pelo menos. Assim, Olivetti foi apenas uma das vítimas de inovação disruptiva. As marcas onipresentes antes da Terceira Revolução Industrial, como a Xerox e a Kodak — exemplos emblemáticos — também sucumbiram em seus modelos de negócios tradicionais, sendo esses casos bem discutidos nos cursos superiores e já contados por inúmeros autores. Como a história se repete, veremos inúmeras empresas da atualidade serem engolidas por inovações disruptivas, com novos modelos de negócios. Se já tínhamos poucas empresas centenárias e as milenares eram raras, até recentemente, é factível de se imaginar que muitas delas antecipação o fim de sua existência muito em breve.

Há pessoas sempre dispostas a saber sobre o que há de novo, que não querem ser pegas desprevenidas. Elas tomam iniciativas, antecipando-se ao que as macrotendências estimam que venha a acontecer. Essas pessoas, ou organizações, certamente estarão mais preparadas para o que virá, pois já terão analisado os impactos socioeconômicos que as novas tecnologias vão gerar. Tendo a coragem necessária e a atitude de querer mudar, terão, portanto, maiores chances diante das ameaças e oportunidades que se aproximam de nossas vidas.

Uma forma de refletir sobre o que está por vir, já tendo lido e escutado muito sobre o assunto, é pensar se a sua profissão poderá algum dia perder a razão de existir. É necessário ponderar sobre qual a real necessidade de sua profissão seguir útil quando as novas tecnologias de inteligência artificial, robótica, Internet das Coisas, impressora 3D, nanotecnologia, computação quântica, realidade virtual, genética avançada, big data, viagens espaciais, *blockchain* e tantas outras mais, vierem a fazer parte do nosso quotidiano. Se a minha profissão perder relevância e sentido, para onde devo migrar? Que estratégia devo adotar para atender à nova demanda de profissões que sequer existem hoje em dia? Repensar o negócio também é função dos cargos estratégicos de qualquer organização que esteja aberta às mudanças. Um tradicional fabricante de chocolates com grife não tem seu negócio definido como provedor desta delícia apetitosa, mas, mais do que isso, define que está aí para prover presentes finos.

Um caso de reinvenção de um modelo de negócios que pode inspirar a quem quiser mudar o seu, enquanto houver tempo para isso, é o da Victorinox,[II] empresa fundada por Karl Elsener I, em 1884, na Suíça. Em 1909, como homenagem à memória de sua mãe, surge a marca Victoria. Em outro momento foi inserido um emblema de uma cruz e um escudo, que hoje é reconhecido globalmente. Com o advento do aço inox, alguns anos mais tarde, a marca muda para o nome atual. Os canivetes adotados pelo exército suíço eram cobiçados no mundo, pois eram de alta qualidade e multifuncionais. Parte importante das vendas se davam em seus pontos de vendas (PDV) em aeroportos. Após o ataque terrorista ao World Trade Center de Nova York, em 11 de setembro de 2001, esses objetos não poderiam mais viajar em bagagens de mão. Centenas de milhares de unidades desses canivetes foram confiscados nos aeroportos, por regulamentação, visando à segurança dos voos, fazendo com que as vendas da empresa despencassem.

Portanto, a Victorinox repensou seu negócio estratégico, o qual passou a ser de artigos de viagem, como pastas e pequenas malas para executivos, relógios de pulso, perfumes e outros itens. Sua linha de canivetes segue vigorosa, hoje com novos e atrativos designs. Sim, eles quiseram mudar. E conseguiram. Em 2020, em ano de pandemia global, com os aeroportos vazios, fico a imaginar no que a direção da empresa pensará para superar mais um desafio. Certamente, uma empresa com mais de 130 anos, que passou por duas guerras mundiais, pela Gripe Espanhola (tragédia humana que dizimou dezenas de milhões de pessoas na Europa), pela Grande Depressão econômica de 1929 nos EUA e pela crise financeira americana de 2008, com repercussão nas economias globais, vai superar a mais essa nova situação. A vida empresarial é feita de desafios a serem superados. As estratégias mudam, pois os negócios são dinâmicos. Sobrevivem os que aceitam e desejam a mudança. É preciso querer mudar!

Figura 2: Evolução do ser humano

Endnotes

I   <https://www.coursera.org/>. Acesso em: 20 mar. 2020.

II   <https://www.victorinox.com/br/pt/Victorinox/Empresa/House-of-Victorinox/Hist%C3%B3ria/cms/history> Acesso em: 15 mai. 2020.

TRANSFORMAÇÕES QUE MUDARAM A HUMANIDADE

NÃO É O INTUITO DESTE LIVRO FAZER UM APANHADO sobre toda a nossa história. Talvez nem mesmo uma enciclopédia conseguiria tal feito. Contudo, analisarei aqui uma linha do tempo, contextualizando a história do Homem, ainda que muito resumida, para o entendimento de algumas grandes transformações — das tantas — ocorridas na humanidade, além de também compreender a velocidade com que esses fatos vêm acontecendo. Apenas algumas foram pinçadas, a fim de ilustrar o propósito desta narrativa. Se você entender bem essa lógica, o que pode até nos deixar assustados, verá que nem sempre é possível saber como será o mundo daqui a 10 anos, muito menos daqui a 20 ou mais. Para Taleb (2016), a falta de cultura literária é causadora de futura cegueira, a qual pode estar acompanhada da degradação da História. Para estar mais preparado para o futuro, é importante entender o passado, o que se dá por meio da História. A leitura é uma ferramenta fundamental para se adquirir esta capacidade de compreensão e de contextualização do antes e do agora. O depois será uma estimativa.

O mundo futuro está se aproximando. Em breve ele será o presente. A escolha e a decisão de como participar são de exclusiva responsabilidade de cada um, seja como indivíduo ou como profissional, independentemente da área de atuação. Não há como escapar da mudança, da transformação radical, de uma verdadeira metamorfose. O mundo está se transformando em velocidade mais do que supersônica, exponencialmente crescente e, se você não abandonar o "teco-teco", será um "eremita digital", pois os outros vão viajar a jato — e eu não estou imune a isso, é bom frisar. Algus vão comprar um bilhete de uma possível viagem espacial pela Space-X e desfrutar de algo impraticável na atualidade, mas será exequível, em breve. Claro, abrir mão de mudar pode ser uma opção de quem quer que seja e devemos respeitá-la, mas lembremo-nos do filósofo Epicuro, quando esse faz as considerações entre a vida, a morte e o suicídio — para ele, um direito — algo tão impensável para a maioria de nós, creio eu. Esse filósofo grego promovia a felicidade, a vida e o prazer. Isso é o que se propõe aqui, no sentido de que não se deve deixar de usufruir das boas coisas que esta transformação galopante pode prover.

É certo que as ferramentas desenvolvidas em pedra (pontas de flechas, machados...) representaram inovações que possibilitaram a caça com maior eficácia, garantindo dela um maior aproveitamento da proteína animal para os grupos familiares de nossos ancestrais. Entretanto, uma das mais importantes descobertas do Homem, em toda a sua trajetória, foi o fogo. É incerto quando isso possa ter acontecido. Talvez tenha sido há 1,8 milhão de anos, de acordo com Fagan (2007).

Sabe-se lá e nem importa precisar a época. Quiçá, a domesticação do fogo tenha se dado há cerca de 500 mil anos. Para Harari (2016) alguns humanos manuseavam o fogo há 800 mil anos, mas os antepassados diretos do *Homo Sapiens* o fizeram apenas há cerca de 300 mil anos. Para Fagan (2007), pequenos grupos do *Homo Sapiens* moderno começaram a sair da África há 60 mil anos e foram colonizando a Terra. Aliás, a única espécie dentre várias outras de seres humanos[1] que sobreviveu até os dias atuais é a nossa. Outras, como os *Homo Erectus*, *Australopithecos*, *Homo Neanderthalensis* e *Homo Habilis* não tiveram essa sorte.[1] Na acepção de Harari (2016), o *Homo Sapiens* passou por uma verdadeira revolução cognitiva, entre 70 e 30 mil anos. Não se sabe ao certo se ocorreram por mutações genéticas acidentais, as quais alteraram as conexões internas do

---

1. Todas estas datas são estimadas e podem mudar a cada novo fóssil humano encontrado. Servem como um referencial de tempo, ainda que imprecisas.

cérebro, capacitando os nossos antepassados a pensarem, diferentemente do que o faziam até então, melhorando a comunicação e desenvolvendo a inteligência, como jamais outra espécie humana havia alcançado. Essa mudança permitiu o surgimento das civilizações modernas. O autor considera essa como uma das mais importantes transformações da história humana, desde seu surgimento. Este um evento insuperável. Os *Neanderthalensis* teriam sucumbido, por completo, aos *Sapiens* há cerca de 30 mil anos. A espécie *Homo Floresienses* teria desaparecido a tão somente 13 mil anos. Não é incrível saber que até recentemente na linha do tempo de nossa história havia outra espécie humana?

Usava-se o fogo para aquecimento e para suportar invernos rigorosos em regiões antes inabitáveis, e para iluminar o fundo de cavernas para melhor se abrigar. Até o momento em que o fogo foi usado para o cozimento de carne, o que constituiu o estopim de transformações notáveis, com impacto formidável à história da humanidade. Pode ser que o Homem nem existisse mais sem essa descoberta.

Os diferentes usos do fogo se multiplicaram ao longo da história, trazendo consigo inovações indubitáveis. O homem de hoje deve muito a esses antepassados mais longínquos. Em dias atuais, o fogo preserva sua relevância, sendo indispensável para a humanidade. Quantos milênios se passaram até que a queima do carvão aquecesse a água, gerando o vapor necessário para mover uma locomotiva e outras máquinas? Os humanos passaram de caçadores e coletores para agricultores e criadores de animais há alguns poucos milênios, talvez de 5 a 12. Essas descobertas e invenções trouxeram outras alterações profundas para a humanidade, uma delas foi que a agricultura viabilizou o agrupamento de pessoas em vilarejos, em um início do processo de urbanização, que continua até os nossos dias. Além disso, a roda foi outra grande invenção do Homem. Cada uma delas veio a despertar outras na sequência. Quantos milênios transcorreram das primeiras plantações agrícolas até a mecanização e digitalização dos processos de controle da lavoura, difundidos na atualidade?

A escrita é a forma de registrar a linguagem falada. Ao que se sabe, ela surgiu, independentemente, em cinco diferentes áreas: Mesopotâmia, Egito, Índia, China e Mesoamérica. A mais antiga, a dos sumérios, data de cerca de pouco mais de

5 mil anos. Alguns dizem que a escrita surgiu há 7 mil anos, com esse povo. Se não fossem esses povos do mundo antigo, jamais conheceríamos a história deles, que tanto nos encanta. Esses registros, que sobreviveram ao tempo milenar, trouxeram conhecimento de épocas em que a comunicação oral de geração para geração teria sido perdida, praticamente em sua totalidade. Ressalta-se que, a cada dia, novas descobertas arqueológicas trazem novidades, razão pela qual as épocas e as civilizações com escritas próprias precisam ser atualizadas na linha do tempo do conhecimento e do desenvolvimento humano.

A prensa gráfica, originalmente, foi desenvolvida na China há mais de mil anos, e há quase seis séculos tivemos as inovações feitas pelo alemão Gutemberg. A partir de então, o acesso a obras, como a Bíblia sagrada e tantas outras, começou a se espalhar pela Europa e, assim, o conhecimento foi disseminado à população mundial. Seria essa a mais influente inovação do último milênio?

A mudança espetacular que a escrita impressa provocou na civilização foi imensurável, revelando-se como uma metamorfose do conhecimento. Antes, as obras eram elaboradas manualmente e ficavam restritas aos nobres e ao clero, ou quem sabe, na ordem inversa. A proliferação da literatura, dos registros históricos, dos jornais, dos manuais acadêmicos, da filosofia, da ciência, da política, das artes, enfim, de todas as áreas do conhecimento humano, elevou a humanidade, em tão somente cinco séculos, a um patamar jamais visto nas centenas de milhares de anos que nos antecederam. Cerca de 50 anos após o feito de Gutemberg, mais de 15 milhões de livros já haviam sido impressos. Um fenômeno para a época. Não teria havido o Iluminismo no século XVIII na Europa sem a invenção de Gutemberg. Essa corrente do pensamento humano foi um movimento que alcançou outras fronteiras, do além-mar, como o Brasil, inclusive. A Inconfidência Mineira foi influenciada com as ideias do Iluminismo, contra o absolutismo e a favor do liberalismo, logo, contra o mercantilismo de Estado, para ficar nesses tópicos apenas. O que dizer da Revolução Francesa e da sua influência no mundo ocidental até o presente dia? Sem a escrita replicável, nada disto teria acontecido.

Outros feitos, de alta significação, como o rádio e a televisão poderiam ser citados, inclusive sobre as revoluções sociopolíticas mais recentes, com profundos efeitos sobre vários povos. Entretanto, o objetivo aqui foi trazer a uma rápida reflexão do tempo que algumas mudanças levavam para ocorrer até cerca de 2 séculos atrás. Poderia ter comentado sobre a idade do ferro, do bronze, de guerras e de invasões, mas correria o risco de precisar escrever uma obra muito grande só para tal e fugiria do objetivo. Contudo, serão aqui comentadas, com um pouco mais de profundidade, as revoluções industriais, da primeira à quarta. A última, principalmente, que é recente e vem ocorrendo em andamento mais do que allegro. Surge em ritmo frenético e com andamento de presto.[2]

O que seria da vida humana sem a descoberta do antibiótico Penicilina, por Alexander Fleming, há quase um século? A partir deste feito muito se desenvolveu em termos de novos antibióticos. A descoberta de Fleming mudou o mundo e as perspectivas de uma saúde melhor. A humanidade não seria a mesma e a letalidade oriunda das infecções diversas seria catastrófica para a nossa espécie. Infelizmente, os microrganismos reagem, tornando inofensivos certos antibióticos tradicionais e que tanto bem trouxeram à cura de algumas doenças. A pesquisa por novas e mais potentes drogas não para e é por isso que grande parte dos humanos ainda vive. As vacinas e o saneamento básico são outros fatores que têm exercido um papel relevante na saúde pública.

Outro tema que não poderia ficar fora desta breve visita à história, tamanha sua relevância, é a conquista do espaço. Um dos maiores cientistas de todos os tempos, o inglês Isaac Newton (1642 a 1727), foi um físico e matemático que produziu obras em seus estudos e que levaram a ciência a dar saltos de conhecimento, como jamais ocorrera. Sua publicação, *Princípios Matemáticos da Filosofia Natural II — Philosophiae Naturalis Principia Mathematica* (de 1687), lançou a Lei da Gravitação Universal, a Lei dos Movimentos e a Queda dos Corpos. Albert Einstein (1879 a 1955), outro grande cientista, um dos maiores que a humanidade já teve, senão o maior, foi o criador da Teoria da Relatividade, de 1905, seu mais icônico e revolucionário legado. A importância da evolução sofrida pela ciência para o desenvolvimento das conquistas espaciais do último século até agora é inquestionável. Vejamos: a sonda *Sputnik*,[III] lançada ao espaço em 1957

---

2. O andamento na música erudita é classificado segundo o número de pulsações por minuto. O mais lento é o largo (40 a 66) e o mais rápido de todos é o presto (168 a 208), tido como muito rápido. O antecede o allegro – rápido – (120 a 168).

pela então União Soviética foi o primeiro satélite a realizar tal feito. Desde o lançamento da obra de Newton, 270 anos se passaram para que o homem produzisse tal feito.

A União Soviética deu mais um passo gigantesco na nossa história, lançando o primeiro homem ao espaço, o astronauta Yuri Gagarin,[IV] em 1961. Todos sabemos da conquista da Lua em 1969. O astronauta norte-americano Neil Armstrong se consagrou como o primeiro homem a pisar naquele astro. Essa foi uma conquista desencadeada pela "guerra fria" entre a União Soviética e os Estados Unidos da América. A competição leva ao desenvolvimento científico. Detalhe: do lançamento da *Sputnik* até o da *Apollo 11*, conquistando o único satélite do nosso planeta, passou-se apenas pouco mais de uma década. Depois deste evento, vários outros, com ou sem astronautas, vieram. EUA e Rússia dominavam com exclusividade essa área. Mas, em 2003, a China lançou seu primeiro homem ao espaço, Yang Linseih, com a missão Shenzhou. Além das atuais agências espaciais National Aeronautics and Space Administration (NASA) dos EUA e a ROSCOSMOS da Rússia, temos a European Space Agency (ESA) da Europa, formada por vários países do antigo continente. Também Japão, Índia e Israel têm seus próprios programas espaciais. Atualmente, a iniciativa privada desenvolve programas para o espaço, desde aquele com o objetivo de levar turistas em viagens espaciais, até a uma internet global do planeta, a ser circundada por diversos satélites. Nesse sentido, a empresa Space-X está fortíssima nessa corrida. Quando a internet universal estiver implementada, não haverá mais nenhum ponto inacessível à rede no planeta. Alguns projetos da Astronomia, igualmente notáveis, podem ser pinçados e listados a seguir: Telescópios espaciais Hubble, James Webbspace e Kepler Space; Voyager 1 e 2, já tendo saído do sistema solar, neste milênio, passaram a fazer parte da sala de troféus dos maiores feitos do homem. Daria para citar as estações espaciais Norte-americana e Russa. Em 2022, a China prevê lançar a sua própria estação espacial para receber astronautas e realizar suas pesquisas de como viver no espaço.

O celular teve sua primeira chamada em 1973, mas no Brasil somente em 1990. Já a internet teve seu uso comercial liberado nos EUA no ano de 1987. Ressalto que apenas no ano de 1992 surgiu a *World Wide Web* (www), aquilo que de fato conhecemos como internet. Ainda não se passaram 30 anos desde seu uso liberado à população mundial. Mais da metade da minha vida foi sem a existência de telefonia móvel e da www. O mundo foi um em centenas de milhares de anos e em menos de três décadas tudo mudou, em se tratando de tecnologia e suas aplicações.

Qual a razão deste enredo histórico? Mais uma vez, é o de lhe situar em relação às grandes mudanças que ocorrem independentemente da vontade de quem quer que seja. Sem a consciência disso, não há como catalisar seu espírito promissor. Ou a onda é acompanhada, ou quem não o fizer estará fora, à margem da sociedade, do mundo, dos negócios e mesmo do *modus operandi* da vida. Tampouco, como os indivíduos se locomovem, estudam, trabalham, alimentam-se, comunicam-se e tudo mais. Empresas e governos não se excluem desse processo. Sem tal mudança em sua maneira de encarar os fatos, você não exercerá sua cidadania plenamente. Pode ser que, por consequência de incapacidade, medo, ou de vontade para tal. Há que se inovar constantemente e sem trégua. A solução para isso passa pela aceitação de que cada pessoa deve estar atualizada em relação ao que vem ocorrendo e não deve esperar que os outros se antecipem, abandonando-a. Se esperar muito pela inserção no mundo digital, não terá pernas longas o suficiente para dar um passo que alcance os feitos que se sucedem, dia após dia. É preciso caminhar sem parar para acompanhar esta transformação. A linha de chegada da corrida é rompida apenas pelo vencedor.

Para elucidar, seguem os anos em que determinadas transformações ocorreram. Não há precisão nas datas antigas e algumas delas representam um dos eventos mais importantes de um certo período, como o da era dos descobrimentos ou, mesmo do início de um período, como o das revoluções industriais. Mesmo com datas estimadas, pode-se ter uma boa ideia dos intervalos de tempo entre as mudanças destacadas, que é o objetivo desta lista a seguir:

- Domesticação do fogo... há **300 mil anos**;
- Revolução cognitiva da nossa espécie, a do *Homo Sapiens*... há **70 mil anos**;
- Desaparecimento da espécie humana dos *Neanderthalensis*... há **30 mil anos**;
- Desparecimento da espécie humana dos *Floresiensis*... há **13 mil anos**;

- Agricultura... há **12 mil anos**;
- Escrita... há **7 mil anos**
- Prensa gráfica... ano de **1455**;
- Era dos descobrimentos marítimos... ano de **1500**;
- Obra de Newton... **1687**;
- Primeira Revolução Industrial ... **1780**;
- Primeira locomotiva a vapor... **1825**;
- Segunda Revolução Industrial... **1850**;
- Invenção da lâmpada incandescente... **1879**;
- Teoria da Relatividade... **1905**;
- Fordismo... **1914**;
- Terceira Revolução Industrial... **1950**
- Sputnik... **1957**;
- Primeiro astronauta no espaço (Yuri Gagarin)... **1961**;
- Primeiro homem a pisar na Lua (Neil Armstrong)... **1969**;
- Primeira ligação por celular... **1973**;
- Primeiro computador popular de uso pessoal e profissional... **1981**;
- Liberação da internet para uso comercial nos EUA... **1987**;
- Primeira ligação por celular no Brasil... **1990**;
- Criação da world wide web (www)... **1992**;
- Quarta Revolução Industrial... **2013**;
- Pandemia da Covid-19... **2019** e **2020, 2021** e talvez por mais tempo ainda.

No que tange as inovações digitais, as duas décadas deste milênio revolucionaram a forma dos seres humanos se comunicarem, se divertirem e fazerem compras. Alguém ainda se lembra do que era e como se usava um telefone fixo? Quando eu era criança, talvez com uns 10 anos de idade, um vizinho de rua comprou uma linha telefônica, a primeira da redondeza. O aparelho era pesado e todo preto. Quando errava um algarismo na discagem, tinha que discar tudo outra vez. Não existia as funções *return* e *delete*. Aquilo era um luxo para poucos. As inovações tecnológicas são tão surpreendentes, que em menos de meio século mudaram o mundo de tal forma que parece que sempre existiram. Se uma delas falhar, parece que tudo em volta desmorona, tamanha nossa dependência delas. Em 2015, houve um bloqueio judicial do WhatsApp no Brasil e a repercussão foi colossal. O concorrente Telegram, que era pouco conhecido aqui, ganhou, em um dia, cerca de 1 milhão de inscritos. Um verdadeiro frenesi geral. Que desespero não poder se comunicar pela plataforma de mensagens, de arquivos de voz e de imagem. Como viver sem o aplicativo? Impossível. Para que cada um possa refletir sobre a temporalidade dessas inovações, surgem novas plataformas quando menos se espera, muitas delas chinesas, que podem desbancar as norte-americanas. Ainda que isso não venha a acontecer, temos assistido a anúncios de aquisições de algumas empresas de tecnologia por parte de outras maiores e, não raro, aparecem novas disrupções no segmento, com inovações que desbancam as já consagradas empresas. O setor de tecnologia da informação, que exige boa capacidade de conectividade, atinge valores estratosféricos de mercado, mas, por outro lado, parece que seus negócios são voláteis, de certa forma. Diferentemente dos negócios tradicionais, em que os ativos das empresas são físicos, tangíveis portanto, os das empresas de tecnologia digital são intangíveis em sua maior parte. São baseados em conhecimento, em softwares (ativos intangíveis) os quais necessitam de uma estrutura de TI complexa (ativos tangíveis) que prestam um tipo de serviço, o qual, rapidamente, conquista seu público, sempre ávido por novidades. Por essa mesma razão, esse público pode, repentinamente, migrar para outra plataforma, cheia de novos apelos. A fidelização vai até o momento que algo novo surja e conquiste o público. Todos querem ser os primeiros a conhecer uma novidade. Uma das forças dessas empresas é o gigantismo. A escala atingida é tamanha que raras são as empresas com capital suficiente para fazer uma aquisição de alguma dessas corporações que começam a se destacar, antes mesmo de atingirem o porte de supergigantes. Mas algumas dessas corporações têm adotado essa estratégia de adquirir aquela plataforma que está se destacando, antes que vire outra *very big company* e possa vir a lhe atrapalhar nos negócios, conquistando parte de seu mercado. Selecionei algumas empresas da área de TI, de hardwares e de softwares, de *e-commerce* e de *streaming*, as quais transformaram nossas vidas nestas últimas décadas. A fim de que possamos nos dar conta de quão jovens a maioria delas é, começando pelas mais antigas, que até hoje são fortíssimas e de quem quase todos nós somos usuários, para não dizer dependentes, segue a lista:

NO FIM DOS ANOS 1900:

- **Microsoft** (1975) EUA;
- **Apple** (1976) EUA;
- **Amazon** (1994) EUA;
- **Google** (1998) EUA;
- **Alibaba** (1999) China.

NOS ANOS 2000:

- **LinkedIn** (2002) EUA;
- **Skype** (2003) EUA (adquirido pela **Microsoft** em 2011);
- **Facebook** (2004) EUA;
- **Gmail** (2004) EUA, do **Google**;
- **YouTube** (2005) EUA, comprado pelo **Google** em 2006;
- **Google Maps** (2005) EUA, após uma aquisição feita de uma startup australiana em 2004;
- **Netflix** (2007) EUA para o atual modelo de negócios, mas fundada em 1997;
- **Deezer** (2007) França;
- **Spotify** (2008) Suécia;
- **Waze** (2008) Israel, comprado pelo **Google** em 2013;
- **Uber** (2009) EUA;
- **WhatsApp** (2009) EUA, incorporado pelo **Facebook** em 2014;
- **Instagram** (2010) EUA, adquirido em 2012 pelo **Facebook**;
- **Aliexpress** (2010) China, do grupo **Alibaba**;
- **WeChat** (2010) China;
- **Pinterest** (2010) EUA;
- **Zoom** (2011) EUA;
- **Facebook Messenger** (2011) EUA;

- **Telegram** (2013) Rússia, mas atualmente sediado em Dubai;
- **TikTok** (2016) China.

Existem diversos outros aplicativos, cada um com seu diferencial ainda que seja para concorrer com as principais mídias sociais, muitas vezes ofertados com algumas melhorias incrementais das criações originais. Vários deles foram lançados nos últimos 10 anos e já possuem muitos usuários, todavia nem perto do que as tradicionais redes sociais desfrutam de participação no mercado, ao que se chama de *Market Share*.

Alguém sem um smartphone com seus aplicativos, pelo menos o WhatsApp, Telegram, Signal, ou outra plataforma, fica à margem da sociedade, sem poder se comunicar adequadamente como o seu grupo social espera. Pela facilidade, as pessoas optam por gravar um áudio — até para não se exporem ao desconhecimento gramatical do idioma —, ou por enviarem mensagem de figurinhas (emojis e emoticons), que muito bem traduzem aquilo que o usuário pensa.

De outro modo, pode-se dizer que são formas paralinguísticas de alguém se comunicar. Um emoticon é um desenho que usa caracteres do teclado, como: ":-)" (feliz, algo cômico). O contrário seria: ":-(" (algo importante, sério, preocupante). Já um emoji é um desenho; uma figura que expressa um sentimento, como feliz, triste ou surpreso. Pode ser ainda um objeto. O entendimento de um emoji é intuitivo e fácil.

Figura 3: Emojis

Os emojis, principalmente, representam uma transformação na comunicação. A linguagem escrita parece que perde parte da sua função, pois ela requer tempo de escrita e conhecimento da língua. Os ideogramas simplificam a questão da rapidez da comunicação visual. Como as mensagens ficam disponíveis no seu celular, mesmo que você esteja ocupado quando alguém conhecido envia alguma mensagem a você, ela poderá ser vista, posteriormente, a qualquer momento. A possibilidade de você se comunicar com inúmeros contatos virou um fenômeno cultural. Os jovens não perdem mais tempo com outras formas. O smartphone virou objeto de primeiríssima necessidade. Alguém que ainda não tenha conseguido o seu, tem motivo para se sentir inferiorizado diante dos colegas e frustrado por não poder participar das conversas e das confidências dos demais. Tenho uma neta de 13 anos. Quando vem nos visitar, passa a maior parte do tempo sentada e usando seu smartphone, em linha direta com sua rede de colegas da escola. Quando se cansa, pega o tablet e passa a assistir vídeos dos ídolos preferidos. Se provocada a conversar, dá respostas monossilábicas. A gente pode não concordar com os hábitos dessa juventude, mas eles estão aí e não temos nem o poder de mudá-los e tampouco uma razão para tal. Ou será que temos? Cada geração tem suas características e essa que aí está convive, naturalmente, com a revolução tecnológica digital, que os mais velhos têm dificuldades de acompanhar no mesmo ritmo. Cabe a nós, deste grupo, pedir ajuda a eles, os jovens, quando preciso for, e minha neta já me ajudou nesse sentido.

As transformações estão aí, ficando para cada um a escolha de querer aproveitar as novidades que são oferecidas ou não. Penso que devo estar, constantemente, aprendendo sobre esses aplicativos e recursos diversos que a tecnologia proporciona, para não correr o risco de mais adiante sequer entender do que se tratam. Esses recursos vão sofrendo tal sorte de inovações, que corro o risco de não mais conseguir ficar atualizado. Para ser sincero, acredito que é impossível estar atualizado plenamente, tamanha a carga de novidades que circundam nossas vidas. Tenho que ter esta compreensão de que o aprendizado é incremental, mas a todo momento. Não posso parar. Ninguém deveria parar.

Endnotes

I   <https://hypescience.com/disputa-pode-ser-a-causa-da-extincao-de-outras-especies-de-seres-humanos/>. Acesso em 05 ago. 2020.

II   <https://www.britannica.com/biography/Isaac-Newton/The-Principia>. Acesso 13 fev. 2020.

III   <https://www.infoescola.com/astronomia/satelites-sputnik/>. Acesso em:13 fev. 2020

IV   <https://www.ebiografia.com/iuri_gagarin/>. Acesso em: 13 fev. 2020.

A IMPREVISIBILIDADE E O EREMITÉRIO

O CONCEITO CENTRAL DO LIVRO "*A LÓGICA DO CISNE NEGRO*" relaciona o título a algo imprevisível, ou de remota previsibilidade. Taleb (2016) traz a ideia de que as pessoas acreditavam que todos os cisnes eram brancos. Bastou um europeu avistar um único cisne de cor negra na Austrália, para que toda a crença existente até então fosse destruída. Era, para eles, algo impensável. Simplesmente não poderia haver um cisne que não fosse branco. O achado era imprevisível.

A queda de um asteroide que teria destruído boa parte da vida da Terra e dizimado os dinossauros, seria um Cisne Negro. O tsunami no Pacífico, em 2004, não era esperado. O ataque às torres gêmeas do World Trade Center (WTC) de Nova York, tampouco poderia ser esperado. Na nossa vida particular, pode acontecer de nos depararmos com fatos inusitados, não previstos, para os quais o planejamento não funciona. Se chegássemos a considerar a hipótese, eles deixariam de ser Cisnes Negros, pois teriam previsibilidade. Esta é a lógica do Cisne Negro.

A pandemia da Covid-19, iniciada no fim de 2019 na China e que em 2020 se espalhou pelo globo, pegou o mundo de surpresa — tal qual um Cisne Negro? Nenhum governo no mundo se preparou para enfrentar uma possibilidade como essa, verdade seja dita. Se as maiores potências globais foram atingidas severamente, nada se poderia esperar dos países pobres e sem saúde pública e privada bem desenvolvida, e menos ainda com recursos para tal. Mas estudiosos sobre o tema — infectologistas e epidemiologistas — sempre consideram a hipótese de termos, a qualquer momento, um vírus avassalador, com impacto global. O importante é indagar: E os governos pelos quatro cantos do mundo?

A Agência de Inteligência Americana (CIA), segundo relatório (2006) que tratava de como seria o mundo no ano de 2020, fez menção ao risco epidemiológico: Que fato poderia interromper a globalização? As possibilidades aventadas se referiam de um ataque terrorista de grandes proporções a eventos catastróficos como uma pandemia. Cientistas e governos conhecem essa possibilidade. Para isso, bastaria verificar os casos na história, pois teremos algum vírus que produz efeitos devastadores na humanidade de tempos em tempos.

O empresário e bilionário Bill Gates[1] realizou uma palestra à Tecnologia, Entretenimento e Design (TED), em 2015, sobre o maior risco atual: o de uma epidemia global. Os governos, em geral, desde a Segunda Grande Guerra Mundial, sempre têm lidado, estratégica e preventivamente, com a questão das armas nucleares, que podem destruir nações inteiras rapidamente. Entretanto, as questões epidêmicas não têm tido um foco à altura e tampouco merecido uma gestão eficaz de recursos, o que resultou no desastre mundial provocado pelo Coronavírus. Aqui, o conceito de imprevisibilidade não se aplica. A história é repleta de epidemias devastadoras. Nas últimas duas décadas, tivemos epidemias importantes, as quais, de forma reativa, acabaram sendo bem controladas, embora não varridas do planeta. Elas podem voltar com mutações e causar danos perversos à população. O investimento nas ciências afins e em recursos de infraestrutura para atender os afetados por essas doenças deveriam receber atenção especial, já que o problema é, e sempre foi, previsível. A educação é outra forma de melhorar resultados. Cuidados com a saúde, incluindo a higiene pessoal, além de hábitos alimentares, merecem programas educacionais para alcançar a maior parte da população mundial. A aplicabilidade imperiosa em certas regiões globais é mais evidente, o que já traria resultados auspiciosos.

Não há dúvidas de segurança, pelo fato de que muitos países têm centros de pesquisas e desenvolvimento de armas biológicas. Como a população mundial pode estar protegida de um vazamento, com ou sem intenção, em um desses tais laboratórios e fábricas? Altamente improvável que aconteça, mas impossível?

Não foi apenas Bill Gates que teve esta visão sobre uma possível epidemia, matéria esta, amplamente divulgada. Alguns relatórios, como o da "Global Trends 2015[II]" — Tendências Globais 2015 — já citavam a probabilidade de países desenvolvidos terem que lidar com o surgimento de doenças infecciosas e com capacidade de recursos insuficientes para gerenciar tal problema. Hospitais mal atendem a demanda recorrente, então como lidar com uma pandemia?

Se a sociedade não for capaz de exigir que as autoridades e lideranças do alto escalão atentem para esta previsibilidade, ela não provocará mudanças fundamentais na questão da saúde pública, em todos os seus níveis decisórios e de provedores de recursos. As autoridades devem se atentar para essa previsibilidade e ter a iniciativa de mitigar os indesejáveis impactos dessas epidemias. Nem a sociedade, tampouco as autoridades, têm o direito de permanecerem alheios a esses problemas. Ao contrário, aquele que não agir fará parte da estatística dos alienados, que por opção ou falta de atitude, preferiram esperar que os outros resolvessem os problemas de todos. O eremitério vai se esgotar, tamanha a sua taxa de ocupação.

Figura 4: As quatro revoluções industriais

Endnotes

I   <https://www.youtube.com/watch?v=6Af6b_wyiwI>. Acesso em: 20 mar. 2020.
II   <https://www.dni.gov/files/documents/Global%20Trends_2015%20Report.pdf>. Acesso em: 20 mar. 2020.

Endnotes

AS QUATRO REVOLUÇÕES INDUSTRIAIS

O MUNDO CAMINHAVA LENTAMENTE ATÉ CERCA DE 6 SÉCUlos atrás, como via de regra. O progresso era muito lento, se comparado a épocas posteriores. A ciência estava começando a se desenvolver bem, mas não havia inovações marcantes, ditas revolucionárias, salvo uma ou outra. Na segunda metade do Século XV, a arte da navegação floresceu e isso desencadeou uma grande mudança econômica em alguns países da Europa, na virada do Século XV para o XVI. Com isso, veio a era dos descobrimentos. Nomes importantes fizeram a diferença na história moderna. Vasco da Gama, navegador português (1469-1524), fez a mais longa travessia que se tem registros, até então. Descobriu o "caminho marítimo para as Índias". Sim, Portugal, assim como a Europa toda, precisava das especiarias daquela região. Por terra, era quase que impraticável fazer uma viagem até a Índia. Os alimentos preparados da época deviam se deteriorar rapidamente, pois não havia geladeira. As pessoas, então, disfarçavam o gosto ruim com a adição de pimenta; uma mera curiosidade sobre aquela época. Essa era uma das especiarias mais cobiçadas, com bom valor de mercado.

Cristóvão Colombo (1451-1506), navegador genovês, somente conseguiu financiamento para sua expedição marítima junto ao governo da Espanha. Sua expedição avistou as terras onde hoje são as Bahamas, em 12 de outubro de 1492 — data emblemática na história ocidental. Depois disso,

Colombo ainda realizou três viagens ao novo continente. Para Portugal e Brasil, a importância maior se dá ao navegador português Pedro Álvares Cabral (1467-1520). Após várias semanas de viagem, com 13 embarcações, ele também avista terra pela primeira vez. Era o Monte Pascoal, no estado da Bahia. Esse acontecimento se deu em 22 de abril de 1500, isto é, há 520 anos o Brasil foi descoberto pelos europeus e, há exatos 500 anos, falecia este grande navegador. Vários outros mereceriam citações, mas é importante ressaltar que dessa grande transformação do conhecimento humano em navegação, geografia e no comércio internacional, seguiram-se, gradativamente, inventos e inovações, até a Primeira Revolução Industrial, que será tratada, resumidamente, neste capítulo. E, assim, até a Quarta Revolução Industrial, a que estamos vivendo. De tão radical que é, ela faz como que o mundo passe a ser outro, muito diferente de qualquer época anterior, principalmente pela velocidade das inovações tecnológicas, mudanças de hábitos e comportamento sociais. Soma-se a tudo isto, um aumento populacional gigantesco, tema tratado no capítulo das Tendências Demográficas.

A PRIMEIRA REVOLUÇÃO INDUSTRIAL

Cada etapa de avanços no mundo foi a precursora que possibilitou o progresso posterior, obviamente. O mundo começou a acelerar há 5 séculos, digamos à época da revolução científica. Muitos foram os personagens dessa trajetória, os quais mereceriam coletâneas para descrever tudo aquilo que deixaram de conhecimento como seu legado para a posteridade.

Agora, um pulo, diretamente ao período que quero aqui tratar: a máquina a vapor, inventada em 1712 pelo britânico Thomas Newcomen, teve melhorias cruciais feitas por James Watt, que patenteou o invento, em parceria com o empreendedor industrial Matthew Boulton, nos idos de 1770. A partir daí, uma nova era surge e altera inicialmente a vida da Inglaterra, e depois da Europa e de outros países, de forma irreversível. Os britânicos tinham fontes de recursos de suas colônias, como nenhum outro país. Carvão, seda e lã abundavam. Sua frota mercante era muito desenvolvida e amparada por um poderio militar expressivo. A região teve vários investimentos em infraestrutura de navegação, possibilitando uma logística interna rápida. Na Inglaterra, a partir de 1760 foram viabilizados canais para servir como vias navegáveis dentro da ilha. Era preciso escoar a produção industrial e a de carvão.

O mercado da Europa continental era bem abastecido pelos britânicos. A classe média na ilha era ávida por empreender e investir. Todos estes fatores foram decisivos para que a máquina a vapor transformasse para sempre o modo de se produzir produtos. A indústria têxtil deu um salto para a modernidade, fazendo com que os tecelões, com sua produção artesanal, fossem perdendo competitividade e migrassem para esses centros industriais. A inovação dos processos produtivos cobrava um preço alto, mas trazia benefícios transformadores para outra relevante parte da sociedade dessa era da primeira revolução industrial. Algumas décadas mais tarde, mais precisamente no ano de 1825, de acordo com Harari (2016), a primeira locomotiva a vapor da história entrou em operação, em um teste de 20km. Em 1830, a primeira ferrovia comercial foi inaugurada. As locomotivas foram galgando espaço e as vias férreas uniram os locais mais estratégicos da região. Todo esse processo, que foi de uma produção artesanal para a mecanização, tem tão somente cerca de dois séculos de existência.

Imaginemos como viviam as famílias na época. Os profissionais eram artesãos. O ferreiro tinha sua oficina junto a sua casa e nela trabalhavam os filhos homens. As meninas ajudavam as mães nas lidas domésticas. As carruagens geravam demanda de toda ordem. Eram estábulos em pontos de descanso, pousadas, ferreiros, coureiros, carpinteiros, entalhadores, veterinários e tantas outras profissões e atividades que engrossavam essa cadeia de fornecimento de insumos, de logística e de serviços. Em pouco tempo, surgiram os trens movidos a vapor. Deve ter sido algo com um impacto muito maior para aquela cadeia descrita, do que a Uber foi para os taxistas, atualmente. Pelo menos nesse caso, muitos motoristas de Táxi foram trabalhar com a Uber e outros aplicativos. Como que as companhias de carruagens reagiram, naquela época? O que esta gente toda foi fazer?

Muitas profissões novas surgiram e muitas desapareceram ou se reduziram a poucos profissionais remanescentes. O coureiro foi trabalhar em construção de estofados para os vagões de trens de passageiros; o ferreiro teve que desenvolver habilidades para operar como foguista e maquinista de trem; o atendente da pousada foi servir os passageiros de uma companhia ferroviária. E aqueles que não mudaram? Sabe-se lá o que possa ter acontecido. Viraram miseráveis? Pode ser. O ferreiro enviou seus quatro filhos, meninos, para trabalhar na tecelagem do bairro, onde os salários das crianças eram bem menores do que os dos adultos, por isso tinham a preferência na contratação. Mas a lição é que o mundo não acabou com a industrialização, uma mudança que descontinuou os processos já estabelecidos e consolidados. Parte da sociedade foi se adaptando. Houve uma metamorfose de grande parte da população. Muitos aproveitaram a oportunidade para empreender e se deram bem. Atrevo-me a conjecturar que muita gente ficou perdida, sem saber o que fazer e não mudou, não inovou, teve medo do novo e, por conseguinte, frustrou-se, entrando em depressão e exaurindo o parco recurso que tinham, se é que tinham. Foram morar com a vovó.

A SEGUNDA REVOLUÇÃO INDUSTRIAL

Na sequência da primeira revolução industrial (1780 a 1860) — a do carvão e do ferro — veio a segunda — a do aço e da eletricidade, mas também da química, dos transportes, da energia e da Administração de Empresas. Sim, o petróleo entra nesse rol. Em geral se pode situá-la entre os anos de 1850 e 1950.

É oportuno descrever sobre a trajetória da vida de um dos maiores personagens da ciência aplicada de todos os tempos. A contribuição deste homem deverá merecer os louros e ser contada a todas as gerações vindouras de habitantes deste planeta. Nasceu em 1847, no estado de Ohio, EUA, um menino que precisou trabalhar desde cedo. Aos 12 anos vendia jornais e doces. Aos 15, foi ser telegrafista. Com apenas 22 anos, ele patenteia sua primeira invenção, a de um contador elétrico de votos. Em 1879, conseguiu que uma lâmpada incandescente durasse mais de 13 horas. Morre em 1931. Thomas Alva Edison foi um dos maiores inventores deste planeta, se não o maior deles. Adquiriu em sua vida, de acordo com a Library of Congress USA, nada menos do que 1093 patentes, muitas delas de melhorias em inventos de outros, tendo sido um grande inovador, além de inventor. Fundou a Edison General Eletric Company (GE) em 1890, que se tornaria um dos conglomerados mais importantes do mundo. Foi um homem de sucesso? Sim. Nasceu rico? Não. Trabalhou muito? Sim. Por volta dos 20 anos trabalhava 20 horas por dia. Era focado? Sim. Desistia facilmente de seu intento? Ora, como Edison realizou cerca de 1.200 experiências até aprovar a lâmpada incandescente, sabemos esta resposta. Inspirador? Certamente!

As transformações varriam a Europa, quebrando paradigmas. Um contingente importante de seus habitantes, ávidos por novas oportunidades e até mesmo por pura sobrevivência, tornou-se imigrante, viajando para além-mar, e rompendo elos familiares, pois jamais tornariam a ver os que ficavam em seus países de origem. Instalavam-se em novas terras, novos continentes, mesmo desconhecendo o idioma local. Sofreram e muito. Trabalharam, desesperadamente, para produzir o que a nova terra aquinhoada podia lhes dar. Formaram-se novas comunidades. As escolas para suas crianças representavam uma de suas primeiras iniciativas. Surgiram pequenas manufaturas e comércios. O empreendedorismo floresceu com o passar dos anos. Grande contribuição às nações que os abrigaram, alterando o desenvolvimento desses países, definitivamente.

No fim do século XIX, surge o automóvel moderno, mas é com o Fordismo de Henry Ford, que em 1914 entra em operação a primeira fábrica com linha de montagem, parcialmente automatizada, com o intuito de atender massivamente ao mercado desses veículos. Esse movimento é o maior representante da segunda revolução industrial. Já na década de 70, a Toyota muda os conceitos de linhas de produção em massa. Surge o Toyotismo. Nem as agruras no mundo, com o advento da segunda revolução industrial, fizeram com que o planeta acabasse, assim como não acontecera com as outras grandes transformações já ocorridas no mundo. E a roda continuava a girar e mais revoluções industriais viriam. O mundo não podia parar e não parou. Cá estamos!

A TERCEIRA REVOLUÇÃO INDUSTRIAL

Dois fatos marcantes — de relevância inquestionável para a história do homem — foram as duas grandes guerras mundiais, ambas no século passado. Nelas, vários países se envolveram e milhões de pessoas pereceram, provocando uma alteração na geopolítica do mundo. Desdobramentos impactantes em diversos países da Eurásia culminaram em uma "guerra fria" entre duas grandes potências, os Estados Unidos da América (EUA) e a União Soviética. Como nada do homem pode durar para sempre, não existe mais a União das Repúblicas Socialistas Soviéticas (URSS). Essa disputa pela hegemonia mundial, principalmente bélica e econômica, produziu avanços científicos notáveis, com liderança dos EUA, mas não somente lá, claro. Veio, na sequência, uma revolução que muitos de nós vivenciamos boa parte dela, desde seu surgimento.

Não se pode dizer que um único fato específico tenha sido o catalisador de toda a transformação no mundo, com a modernização de sua indústria. Na verdade, tivemos a energia nuclear, com derivações outras, que não somente bélicas. Entretanto, a robótica nas linhas de montagens das fábricas de automóveis e correlatos ganha seus primeiros postos há cerca de meio século. Alteraram-se a produtividade e as possibilidades de design. Menos pessoas, fazendo mais e melhor. Contudo, o que mais impacta no planeta, em geral, é a computação. Dos outrora mainframes — computadores enormes e caríssimos — veio a oferta do computador pessoal, barato e abundante. Turbinando esse invento, surge avassaladoramente a internet. Arriscaria dizer que nenhuma outra invenção até então tinha sido mais inovadora do que essa, cuja abrangência foi total. Consequentemente, veio a globalização do comércio internacional, mudando as formas de relacionamentos comercial, cultural e de conhecimento. Com ela, surgem gigantes do business digital, que superam em vendas anuais o Produto Interno Bruto (PIB) de muitos países e se tornam as maiores empresas do mundo. Google, Apple e Microsoft são exemplos. Como pode uma empresa surgida na garagem da casa do seu criador alcançar tamanha dimensão em tão pouco tempo? É fruto de um novo mundo.

Quem, como eu, é nascido há mais tempo — 1954 — pode presenciar uma transformação radical em quase tudo na vida. Saímos de um mundo analógico para outro, o digital. A eletrônica varre o planeta. O que falar do celular, uma inovação disruptiva com sucesso comercial e amplamente usada pelas pessoas de todos os continentes? Mais de 5 bilhões de pessoas no mundo já possuem seu smartphone.

Lembro-me daqueles telefones com discagem sequencial, estando os algarismos dispostos em uma roda circular, onde era necessário colocar o dedo no furo do algarismo que se desejava e girar a roda até ela travar e, assim, sucessivamente, repetia-se a ação, até que o número desejado estivesse completo. Posteriormente, inovaram com teclas, o que facilitou muito o processo de chamadas telefônicas. Para ligações à distância, sempre uma tortura. Era necessário ligar para uma operadora, cuja atendente era quem se conectava com o outro número, completando o intento, por vezes, horas depois.

Em suas companhias telefônicas, as operadoras tinham, diante de si, um painel com vários furos e cabos com pinos na ponta, para serem conectados aos furos, conforme cada algarismo que estavam discando. Era preciso uma boa destreza para exercer essa função. Hoje só sabemos disso quando assistimos a algum filme que retrata aquela época. O processo não era mecanizado, então era necessário ditar cada algarismo do número para a operadora discar. Nas ligações internacionais, também era preciso ligar para uma operadora, solicitando que ela fizesse a ligação. Essa chamava a operadora do outro país, que, por sua vez, o ligava ao destinatário.

Nos anos da década de 1980, da Argentina ao Brasil, o processo costumava durar entre uma e duas horas. Experimentei isso por inúmeras vezes, pois trabalhava para algumas empresas argentinas. Quando vinha a ligação da operadora, você nem sempre estava mais no local para falar. Vale lembrar que ter um aparelho desses já era um privilégio e tanto. Mas a telefonia evoluiu e surgiram os telefones públicos, em cabines postadas em lugares estratégicos nas cidades. A população podia comprar fichinhas metálicas específicas para esses telefones. Pareciam uma moeda. Cada fichinha tinha um limite de tempo de uso. Conversas um pouco mais longas consumiam várias fichas. Lembro que minha família ficava no litoral durante o verão, desfrutando das dádivas do clima da região das praias, enquanto eu permanecia na cidade, a duas horas deles, trabalhando. A saudade dos filhos e da esposa era amenizada quando eles conseguiam, depois de um bom tempo na fila de um desses telefones públicos, usar suas fichinhas e me ligar. Era uma maravilha poder ouvi-los. Se alguém resolvesse esticar a conversa, os próximos da fila começavam a reclamar. Talvez os bem jovens nem saibam do que estou falando. A tecnologia muda tanto e tão rapidamente, que a cada inovação nos esquecemos daquela que antecedeu a tal funcionalidade.

A agricultura também não perde tempo e se moderniza. Como seria viável alimentar um planeta com 7 bilhões e 700 milhões de habitantes, sem essas mudanças? Por sua vez, a indústria, em geral, vê todas as suas áreas sendo alteradas. A velha máquina de escrever, que foi tão útil para a humanidade no século passado, os fichários de papel, as pranchetas de desenho industrial, a régua de cálculo, o telefax — sem falar do ido telégrafo — e tantas coisas mais foram substituídas por modernidades muito mais vantajosas. Diminuíram os trabalhos laborais onde a força física era, demasiadamente, exigida. As máquinas auxiliam os trabalhadores. Surgem incontáveis novas profissões, que substituíram as de outrora, hoje extintas ou em vias de serem. Não me lembro de algum telegrafista ativo, nem de um datilógrafo. Como seria a vida sem um Excel? Sem um Word? Para quem usava o sistema operacional DOS, o Windows foi outra obra humana fantástica, conquista esta que também incrementou a globalização.

Os avanços na área da saúde também foram percebidos pela população. Meu pai contava como era a véspera de uma visita ao dentista. Dá calafrios só de pensar. Hoje, a anestesia é algo trivial em qualquer procedimento dentário. Os avanços no conhecimento da área médica também são profundos e não param. A ciência trouxe reflexos em todas as áreas. Nos beneficiamos desse arsenal de inventos, melhorias e evolução. Eles são absorvidos tão naturalmente, que nos esquecemos de como era a vida até então.

Mas a terceira revolução industrial, assim como as duas que a precederam, segue atuando em nossas vidas, atingindo um número cada vez maior de cidadãos. Os efeitos dessas tecnologias são percebidos em qualquer área do conhecimento humano mais rapidamente. O planeta vinha experimentando o novo, a uma taxa de aceleração de mudanças, que provocaram uma transformação sentida por todos os povos desenvolvidos, principalmente esses, como maiores beneficiados.

Infelizmente, populações de países "fechados" ou atrasados, muitos deles isolados globalmente, não têm a mesma sorte com relação a essas vantagens, produtos, benefícios e prazeres dos demais. O mundo acabou aí? Obviamente não, ainda que não tenhamos uma excelência global em conquistas sociais, muito pelo contrário, estamos lamentavelmente bem longe disso.

Como essa evolução não terminou, vieram novas tecnologias, com inovações dominadoras, causando forte expectativa e apreensão aos habitantes terráqueos. Em qual revolução industrial você se acha plenamente inserido? Você é usuário de computador, no trabalho ou em casa? Sabe usar, pelo menos o básico, de uma planilha eletrônica ou de um editor de texto? Se você não responder sim a essas duas perguntas, sinto dizer que você não conseguirá lidar bem, com a próxima revolução industrial, a quarta. Ambas, correm paralelamente. Peça ajuda a alguém para as primeiras orientações sobre algo novo para você, como usuário. Essa pessoa vai se sentir bem em poder ajudar. A era da colaboração já chegou, um mantra da Quarta Revolução Industrial.

A QUARTA REVOLUÇÃO INDUSTRIAL

Na sequência da Terceira Revolução Industrial, que segue ativa em nossas vidas, veio uma nova revolução que muitos de nós recém estamos nos dando conta, já que a curva de sua existência está na fase inicial. Schwab (2017) comenta que a discussão a respeito do termo **Indústria 4.0** se deu no ano de 2011, na feira de Hannover, Alemanha. Preconizava-se que a cadeia de valor global se transformaria para sempre com as fábricas inteligentes que, como o uso de sistemas físicos e virtuais, daria luz a um novo mundo. Contudo, o autor destaca que o termo é abrangente, não se restringindo às fábricas, mas a todo o desenvolvimento tecnológico empregado nas diferentes áreas do conhecimento humano da nossa sociedade. Faz total sentido, já que tudo está interligado. A humanidade vivencia um sistema único e bem conectado. Uma revolução, aquela que transforma uma época, está acontecendo. Ela não pede passagem, ela avança, velozmente, queiramos ou não. Como diz Schwab, a pergunta que não tem sentido é aquela querendo saber se seu negócio será afetado pela disrupção. O que seria aceitável de ser questionado é quando. Ela se dá por avanços tão acelerados que aguça os sentidos dos intrépidos, enternece os "corações de pedra" e soterra os acomodados. Bryonjolfsson e McAfee (2014) chamam essa Quarta Revolução Industrial de "The Second Machine Age", traduzida como "A segunda era das máquinas". E apontam como características principais desta era: o **crescimento exponencial da evolução computacional**; um **acervo extraordinário de informações digitalizadas**; e a combinação de ideias já existentes, que os autores chamam de **inovação combinante**.

O conhecimento tem gerado um armazenamento de inimaginável quantidade de dados. Falamos de 2,5 quintilhões de bytes por dia. Em 2 anos, o número de dados dobrará e a taxa crescerá ainda mais. Mas, para os dados produzirem informações, é preciso tê-los organizados, assim como em uma biblioteca os livros se encontram separados de acordo com a área dos respectivos assuntos. A propósito, quem tem frequentado alguma biblioteca, ultimamente? Elas tendem a desaparecer, ou a virar museus. A profissão de bibliotecário, como a conhecemos, não perdurará. A cada vídeo, cada áudio, cada imagem e mensagem que geramos, novos dados são produzidos. Tudo é transformado em dados, os quais ainda se utilizam do sistema binário — combinações de "0" e "1" — até que a computação quântica[1] venha a substituir a tecnologia vigente. Criou-se a nuvem virtual, um local sem waypoint[2], onde tudo se guarda e ninguém o vê. Mas como achar os dados para gerar informação? O Bigdata veio a possibilitar que tenhamos acesso aos dados organizados e pertinentes, segundo aquilo que buscamos. Uma rede

---

1. **Computação Quântica** é um novo campo da ciência computacional, valendo-se de conceitos de física quântica, que lida com subpartículas atômicas e que não usa o sistema binário convencional da computação que estamos acostumados a lidar, 0 ou 1. Ela usa qualquer posição entre o zero e o um, gerando uma velocidade de processamento inigualável, extremamente mais rápida que os recursos atuais empregam. Falta um bom tempo para este tipo de computação ter escala e ser acessível às instituições e mais ainda às pessoas em geral. Mas esse dia vai chegar.
2. **Waypoint** é um ponto de posicionamento preciso em qualquer lugar da superfície terrestre. Ele fornece a latitude e a longitude. Logo, a localização no globo. Sinais de, pelo menos, três satélites conseguem determinar a posição de um ponto qualquer, a um dado instante. As aeronaves, as embarcações e os veículos terrestres, utilizam-se do Global Position System (GPS) para se orientarem. Sistemas como o Waze e Google Maps empregam o recurso em seus aplicativos.

de varejo pode selecionar apenas dados de mulheres de certa faixa etária, para uma determinada região, para elucidar. A partir dessa informação, eles geram conhecimento, analisam o comportamento de compras deste público local específico e então tomam as decisões estratégicas cabíveis. O marketing estará municiado para ser exitoso, pois a tarefa foi, amplamente, facilitada. O Bigdata permitiu que outros desenvolvimentos tecnológicos viessem a reboque. A IA atua para viabilizar todo esse contexto.

A fábrica inteligente, inserida plenamente na Quarta Revolução Industrial, utiliza-se deste conceito de sistema cyber-físico, que conta com o aprendizado de máquina (machine learning) e decidem operações por si só. Usam a Internet das Coisas (IoT). Os equipamentos de controles e medições (de temperatura, pressão, tempos, velocidade...) interagem entre si, sozinhos, otimizando os processos e ainda podendo contar com a IA. Toda a operação é um sistema único e, por isso mesmo, integrado. A robótica é partícipe ativo deste cenário, gerando maior precisão e produtividade para as fábricas. A impressão em 3D propicia a confecção, dentro de suas instalações (in company), de peças de reposição que demorariam muito para serem disponibilizadas pelos meios tradicionais. Aliás, a 3D tem aplicação quase que imperiosa, atualmente, em prototipagem, proporcionando extrema agilidade para projetos de design de produtos. Cada um de nós, indivíduos, já pode brincar com uma pequena impressora caseira, de custo acessível, e produzir objetos exclusivos.

Como humanos, há muito se pensa em robôs com nossa aparência — as máquinas humanoides. Mas a robótica não é isso. Um robô pode ser um equipamento, uma máquina mais complexa ou mesmo um software. Bancos e grandes empresas já se utilizam da robótica com softwares, ditos robôs, capazes de fazer uma grande quantidade de tarefas em um tempo exíguo. Tarefas repetitivas podem ser feitas por robôs e cada vez mais eles vão substituir o tipo de mão de obra não especializada e de tarefas repetitivas. Kai-Fu Lee (2018) foi abordado por uma criança de apenas 5 anos de idade, com a seguinte indagação: Se os robôs vão fazer tudo o que fazemos, o que restará às pessoas fazerem? Um tanto ardilosa essa pergunta, não? Brevemente, será possível comprar um robô com a aparência humana para certas lides domésticas, já que muitas pessoas gostariam de ter uma máquina mais próxima ao nosso aspecto. Não parece crível, mas há pesquisas sobre robôs aprendendo a usar habilidades cognitivas. O aprendizado de máquina — machine learning — está embrionária perto do que virá a ser, mas segue avançando. Recordo que o computador Deep Blue da IBM venceu o campeão mundial de xadrez, Garry Kasparov, em uma série de partidas no ano de 1997. Foi uma disputa dura. O Watson, da IBM, centenas de vezes mais poderoso que seu antecessor, torna pífia esta disputa com qualquer humano. Ele aprende jogando.

Todos estes desenvolvimentos lidam com a IA. Abre-se aí um rosário de possibilidades ainda inimagináveis. Nenhum ramo da ciência deixa de aplicar todos os dias os recursos que todas estas tecnologias propiciam. O crescimento da transformação que se inicia é exponencial e chega a ser insólito. Segundo alguns teóricos, dentro de três décadas essas máquinas com inteligência artificial vão superar a capacidade humana, dando início à era da Singularidade. Nações mais desenvolvidas, tecnologicamente, poderão vir a produzir soldados insuperáveis, quase indestrutíveis. As consequências de tal poder poderiam deixar os demais países à mercê das decisões tomadas por essas máquinas. A espécie humana seria escravizada. Por mais que tudo isso seja imaginação, ficamos receosos.

Sabe-se bem quais são as tecnologias disruptivas desta era da Revolução 4.0 ou Quarta Revolução Industrial, como se queira chamar. Ela não traz apenas o bônus, mas também o ônus. A questão do emprego representa um dos maiores desafios da humanidade em todos os tempos. Os autores Brynjolfsson e McAfee (2014) deixam clara a preocupação com o fato de que o progresso tecnológico está abandonando muitas pessoas sem habilidades especiais e sem adequada educação e que, ao contrário, para a parcela que tem esse perfil mais desenvolvido, nunca houve época melhor. Para Lee, os ditos programas baseados em deep learning — aprendizado profundo — podem realizar as tarefas humanas com mais eficiência e eficácia, como análise de crédito, reconhecimento de voz e facial. Dito de outra forma, a produtividade crescerá e atingirá níveis memoráveis, mas com um massivo impacto no mercado de trabalho, podendo ocasionar efeitos sociopsicológicos profundos nos desempregados atingidos pela IA em todos os tipos de indústrias e aos demais setores.

De uma forma geral, boa parte da grande massa laboral, em especial a dos países não desenvolvidos, não tem qualificação suficiente para se capacitar ao aprendizado de novas profissões. Vou pegar o exemplo do trabalhador agrícola, aquele que lidava manualmente com as plantações. Agora tem máquina para tudo, para preparar a terra, adubar, semear, colher e carregar os caminhões, com poucos trabalhadores, ou mesmo com nenhum. Há algum tempo, fazendas vêm sendo operadas por máquinas que aderiram à automação, que se utilizam de softwares e dados do GPS. Soube de uma grande fazenda de cana-de-açúcar no Brasil, que tinha por objetivo ter suas máquinas operando autonomamente. Mas, como a megafazenda ficava longe de qualquer centro urbano, não havia acesso à conexão de internet.

Então, uma universidade foi contratada para desenvolver um projeto que solucionasse esse problema. Teria que haver uma conexão veloz. Desenvolveram a solução com implantação de torres de sinal e de uma central de comando digital. Investiram em máquinas, em TI e trabalhadores especializados. Foram exitosos. As máquinas fazem todas as operações da lida com a terra e a plantação, e de forma autônoma, ou com a supervisão de um especialista. Desenvolveram ainda uma tecnologia para monitorar a plantação toda por meio de drones que detectam uma proliferação de lagartas, as quais atacam os brotos das plantas. Uma vez localizados esses focos, os drones lançam potes biodegradáveis cheios de vespas sobre essas áreas, que se encarregam de eliminar as pragas. Tudo muito naturalmente. É uma maravilha ver a aplicação da tecnologia para o bem. Todo este aparato tecnológico favoreceu o Brasil, os Estados Unidos, a Argentina, os países europeus com uma agricultura bem desenvolvida, assim como outros importantes países produtores agrícolas, proporcionando um crescimento real importante no PIB de cada um deles.

Será que um humilde trabalhador da lavoura teria capacidade para aprender a lidar com essas máquinas? Um ou outro sim, com um bom treinamento, seriam capazes de preencher as vagas existentes. O que o grande contingente dessas pessoas faria? Uns diriam: vou trabalhar na construção civil. Mas esta, igualmente, está aderindo às máquinas e aos processos que aumentam a produtividade, do mesmo modo que a indústria, a agricultura e o setor de serviços vêm fazendo.

É bom alertar que a Quarta Revolução Industrial na agricultura irá além desse quadro de operações automatizadas. Ela será plena quando as máquinas forem capazes de tomar as decisões das tarefas a serem executadas, por si só. Elucido: uma máquina agrícola pode decidir que não vai plantar hoje, conforme a gerência da fazenda havia se programado. Como já não chove há alguns dias e no presente momento o chão está muito seco, a máquina que acompanha as previsões de tempo sabe que no próximo dia haverá chuva de fraca a moderada intensidade e daqui a dois dias o tempo voltará a ser sem chuva. O solo estará umedecido e propício para receber as sementes, as quais vão germinar mais rapidamente, compensando a parada de dois dias para o início da semeadura. Quem decidiu tudo isso foi a máquina, que, fazendo parte de um sistema, está conectada a outros dispositivos e hardwares, via IoT, e que conta com a IA.

O conjunto de recursos permite que ela analise o melhor cenário dentro do rol de dados colhidos e avalie as variáveis envolvidas. O sistema decide, sozinho, pelo que for mais produtivo e, logo, vantajoso. O que um trabalhador atual poderia fazer neste contexto? Não há como absorver esse tipo atual de mão de obra, infelizmente, ao que hoje se sabe. É o grande desafio que estamos testemunhando e cujo problema se intensificará cada vez mais. Desenvolva-se nessa área de tecnologia. Se tiver gosto por tal atividade, será um vencedor.

No sistema bancário vimos os efeitos provocados pela Terceira Revolução Industrial sobre os empregos na última década, principalmente. Agora vemos o surgimento de bancos digitais, sem agências físicas, os tais bancos virtuais. Algo impensável até há bem pouco tempo. Fazemos quase tudo do nosso aparelhinho de estimação, o smartphone. O leque de aplicativos úteis é tão grande, que nos aproveitamos como podemos desta parte fundamental de nossas vidas, desse "apêndice" de nosso corpo. Escaneamos documentos e os enviamos em arquivos PDF, sem sair do nosso local e nem precisar de soluções mais trabalhosas e dispendiosas. O emprego formal vem evaporando, para alguns empregadores do sistema financeiro, ano após ano. Agências têm sido fechadas. O risco das pessoas não precisarem mais de outras, em contatos frente a frente, é cada vez maior em muitos setores. Qual o significado disso? A obsolescência dos humanos? Temo pela impessoalidade em nossas relações. Nem tudo é ruim. Existem cooperativas de crédito financeiro, na antítese dos grandes bancos, abrindo agências, diferenciando-se pelo atendimento pessoa a pessoa, coisa que o mundo digital não oferece. Este é frio e pragmático — no sentido de ágil —, cartesiano mesmo. Pode ser que daqui a poucos anos também essas cooperativas fecharão suas agências físicas, deixando o relacionamento ainda mais digital do que já é nesse mundo de aplicativos. Por ora, só uma pessoa, com seu calor humano, que lhe atende cara a cara, olho no olho, pode nos dar essa tranquilidade. Regozijemo-nos por ainda haver uma esperança de manter os empregos de muitos, por um pouco mais de tempo. Pelo menos isso.

Esta nova revolução industrial exige algo das pessoas e empresas que não vinha sendo praticado como deveria, que é a colaboração. O mundo vai se sofisticando de tal forma que sozinhos teremos dificuldades para sermos produtivos e participativos. A conectividade da tecnologia 5G e a capacidade das máquinas (hardwares) vão aumentar muito a troca de serviços. Vídeos e áudios de maior definição, tamanho e velocidade de transmissão vão circular mais apropriadamente. Se um produtor musical precisar de ideias sobre um determinado arranjo, ou mesmo de uma execução instrumental, ele contata alguns músicos, conhecidos ou não, e envia arquivos online para o instrumentista independentemente de onde estiver. Claro, não há nada de novo aqui, a não ser o fato de que as possibilidades de qualquer negócio são tão mais ricas, que sozinhas nossas limitações se evidenciam diante de tamanha complexidade.

Não poderemos prescindir da colaboração de mais pessoas, nem mesmo as empresas podem, ainda que estabelecendo laços com concorrentes, por mais paradoxal que pareça. O mundo será mais sistêmico do que outrora. Dependeremos mais do que antes dos outros e eles de nós. Um autor envia um arquivo de texto do livro que será lançado pela editora. O texto precisa ser diagramado por um profissional, que o fará de sua casa, bastando ter uma razoável conexão, um computador e um programa adequado. Esse mesmo diagramador prepara a melhor formatação do conteúdo e o envia de volta à editora, que faz o pagamento pelos serviços, também digitalmente. Alguém precisa elaborar a capa, o capista. Novamente, aqui, a editora envia um resumo do livro para que o capista entenda do que se trata a obra. Assim, terá condições de captar o contexto que o autor se propõe com aquele título, produzindo uma boa sugestão de capa. Para isso, ele se utiliza de programas específicos para edição de imagens e design de capas e a envia à editora. Tudo revisado e pronto, a editora envia um arquivo no formato de ebook (livro digital) para as diferentes plataformas de venda, como a Amazon, por exemplo. Se o livro for também impresso em papel, os arquivos vão para uma gráfica e de lá para os centros de distribuição. As notas fiscais já são eletrônicas há muito tempo. Esses exemplos de como já se faz atualmente, tanto do produtor musical, como da editora, eram impensáveis até pouco tempo atrás. Coisas deste milênio.

Mas e daqui para frente, como será? O livro impresso continuará a ser produzido e vendido? Será ele ainda feito de papel, ou de um material elaborado com plástico reciclado? Aliás, esse material já existe e permite que se escreva com lápis ou caneta e se faça impressão nele. A forma não importa, o que prevalece é a necessidade e o prazer da leitura, o que me faz crer que o livro sempre existirá. Como será o processo de produção do livro nos próximos anos? Será via editora — uma forma ainda muito eficaz de distribuir uma obra impressa? Será que os livros do tipo romance terão diferentes opções de finais para que cada leitor possa escolher aquele que mais lhe agrade? Que tal se eu puder escolher entre ter o livro com um final feliz, ou um inesperado, pelo menos na forma de e-book? Um final diferente, dentre algumas opções ofertadas pelo autor e pela editora, pode ser viável. O livro impresso, sob demanda, também pode ter finais distintos e cada um escolhe aquele que mais lhe interessar. Se o leitor quiser mais de um final, pagará um valor extra. Todos saem ganhando. Está aí uma sugestão ao mercado editorial. Se você ainda não tem o hábito da leitura, sugiro que o desenvolva. É uma forma de melhorar sua cultura, seu conhecimento específico e contribuir para sua trajetória de vencedor.

Estamos rumando para uma era onde muito do que se consome tende a ser personalizado, como se dizia antigamente, ao gosto do freguês. O marketing atual explora bem a questão da experiência agregada ao cliente. Nada é mais atual e verdadeiro sobre o comportamento do consumidor. É o mundo digital tomando espaço do tradicional e fazendo parte de nosso quotidiano. Eventos esportivos e do show business transmitidos por emissoras de TV estão migrando para canais de internet como o YouTube, rompendo com o monopólio das emissoras, que vai se esvaindo nessa movimentação. Alguém perde um pouco e alguém ganha mais com essas oportunidades que a tecnologia nos oferece. Essa nova forma de poder chegar a um grande público está acessível a qualquer cidadão. O tradicional jabá, cobrado do artista para que as rádios veiculem suas músicas vai acabar com a mesada oriunda dessa prática abusiva e corrupta de muita gente. A grande rede mundial oportuniza a democratização da veiculação. Mas as oportunidades são aproveitadas também por quem não é do bem. Alguns jornalistas e blogueiros se valem de seu grande público para cobrar jabá de qualquer artista ou pessoa interessada em qualquer divulgação em seus blogs. Uma pena que sempre tem o sujeito que joga sujo, que abraça a corrupção. Interessante que muitos bradam a favor de um mundo mais justo, mas exercem, na prática, um papel que aplica exatamente o oposto.

A variedade de produtos que uma fábrica precisará produzir só será possível porque contará com todos estes recursos tecnológicos, desde um departamento de pesquisa e desenvolvimento criativo e ágil, com prototipagem, inclusive, até a produção particularizada. A época da produção em massa, em série de exemplares, rigorosamente iguais e em grande número, tende a sucumbir para alguns negócios. Convenhamos, ela é o que caracterizou a segunda revolução industrial e nós já estamos na quarta agora.

Revelo aqui algo muito particular, mas que tem vários adeptos. Gosto de música, componho, gravo, toco violão e cavaquinho, para minha necessidade, mas sem a pretensão de ser um instrumentista virtuoso. Tenho dois violões de série — produzidos por uma indústria nacional — e um violão, o mais recentemente adquirido, feito por um luthier. Eu escolhi o modelo, disse como gostaria, que tipo de madeira, dentre as opções apresentados pelo luthier, que explicou as características de cada uma delas quanto à sonoridade do instrumento. Assim ele foi feito. Durante o processo, descobri e confirmei com grandes instrumentistas um tipo de captação (para amplificar o som com os aparelhos), tido como o melhor sistema do mercado. Consultei depoimentos no YouTube — lá tem quase tudo que a gente precisa saber, sobre qualquer assunto — e contatei o fabricante e desenvolvedor do produto. Com isso, comprei esse pequeno dispositivo eletrônico para ser instalado no meu instrumento feito à mão. Enviei ao luthier que ainda não conhecia esse tipo de captação de alta tecnologia e eficácia. Ele instalou e ficou impressionado com o resultado. Com o violão ainda inacabado, mas com a captação já instalada, me foi enviada uma demonstração do teste, via WhatsApp. Recebi o instrumento e jamais havia tocado em um violão acústico com essa sonoridade, timbre e volume. Um espetáculo. Sou o único do mundo a ter um violão exatamente igual a este. Outros músicos vão solicitar outra combinação de madeira, outro captador, outra forma diferente combinação de encordoamento, da arte da roseta, outro tipo de tarraxa — no meu caso, feito por outro luthier — enfim, outra configuração de instrumento. Esta é a atividade preponderante e esperada de um luthier, a de fazer produtos personalizados.

Acabei descobrindo um número considerável de músicos profissionais da música brasileira que estão adquirindo seus instrumentos diretamente de luthiers. Além de ter um instrumento a seu gosto, a qualidade contra um de série de alguma fábrica é incomparável. Mas há saídas para as fábricas de instrumentos. Uma delas, brasileira, já lançou um violão de série com o tampão maciço, com um resultado de sonoridade superior aos populares, padronizados e de madeira laminada. Atinge-se assim um meio termo de qualidade, um bom produto, ainda que inferior aos totalmente feitos de madeira maciça por um luthier. A fábrica passou a atender a um nicho mais exigente em relação a um produto standard, mas, ainda assim, aquém de um personalizado. Obviamente, o preço é maior quando se deseja algo mais exclusivo, o que será de acordo com sua exigência e o nome do luthier. Além de tudo isso, ainda tenho aulas online de violão, o que está virando corriqueiro em época de pandemia.

A ideia desse tipo de serviço especializado pode ser replicada a várias outras profissões. Quem sabe o velho e bom alfaiate volte à cena, abocanhando uma fatia de mercado, aquele do vestir uma roupa pronta na loja — o prêt-à-porter. Nas primeiras décadas que se sucederam à Segunda Grande Guerra Mundial, os estilistas Pierre Cardin e Yves St Laurent foram os grandes e primeiros responsáveis pela moda que satisfizesse o grande mercado. A alta-costura — a origem da novidade — seguiu mais voltada para um nicho de mercado. Os alfaiates e as costureiras, que se espalhavam por todas as cidades do mundo, inspiravam-se em fotos das revistas de moda, que retratavam roupas de artistas de cinema, do teatro e da música, pois exerciam seu trabalho artesanal, produzindo roupas sob medida para sua clientela. Eram sessões para a escolha do tipo e tamanho, para aprovar a roupa ainda inacabada e para prová-la, já pronta. As máquinas de costura eram comuns nas casas. As mulheres, ditas prendadas, deveriam saber costurar, dentre as infindáveis atribuições domésticas a que eram exigidas, demasiadamente. Não era costume comprar um traje social masculino — um terno — em alguma loja. Invariavelmente, ia-se a algum alfaiate. Com as grandes lojas ofertando roupas padronizadas, bastando escolher o tamanho, o jogo virou e raros são os profissionais alfaiates atuando hoje em dia. Essa é uma profissão quase extinta, operando apenas em nichos de mercado.

De modo geral, os que ainda existem trabalham para as lojas e alguns poucos prosperam em seus próprios ateliês. Franquias de alfaiatarias podem ser um bom negócio. Imagino que aqui se abre uma possibilidade de uma retomada desta profissão. Lembro-me de ter ido a uma festa requintada e meu blazer comprado em loja também vestia a outro convidado, que eu sequer conhecia. Era constrangedor vestir uma roupa cara e, sem aviso prévio, esbarrar em outro com uma réplica fidedigna, ainda que autêntica, mas com vários exemplares abastecendo o mercado. Vejo uma oportunidade para aqueles que quiserem trabalhar com alfaiataria. Logicamente, terão que estar atualizados e contar com um bom suporte de marketing digital. Novas habilidades precisam ser desenvolvidas e essa possibilidade pode, perfeitamente, ser o caso de muitas pessoas sem emprego ou perspectiva futura no que fazem. Eis uma solução ao problema. Certamente não irão se utilizar de fotografias de revistas de moda, mas vão acessar a algum aplicativo de internet para ajudar em sua inspiração. Fábricas de tecidos também terão que se adaptar para atender a uma demanda muito mais diversificada e em lotes menores, do que estão acostumados a produzir. Só de lembrar, já fico imaginando comprar alguma roupa sob medida (taylor made), para fazer jus ao meu excepcional violão e ao meu corpo mais arredondado que antes, caso faça uma apresentação e necessite mandar fazê-la.

A época é propícia para a colaboração e a criatividade, características da Quarta Revolução Industrial, o que vale tanto para as pessoas jurídicas, como para as físicas. Proliferam os espaços de *coworking* nas cidades. Você pode empreender nesta área, sem ter que alugar uma sala comercial inteira e sem qualquer serviço de apoio. É comum que microempreendedores, que precisem de uma certa estrutura para tocar seu negócio, aluguem um espaço dentro de um ambiente de recursos compartilhados. Esse espaço pode ser apenas uma mesa, sem lugar fixo, onde você se conecta ao wi-fi do ambiente e trabalha à vontade. Os custos são pequenos para cada inscrito, já que são divididos entre todos os usuários do ambiente, como a de uma secretária-recepcionista.

Assim, sem precisar investir um valor que, comumente, não teria, é possível usufruir de toda a infraestrutura que um escritório precisa, como sala de reunião, recursos de audiovisual, área de lazer, biblioteca, impressoras, wi-fi, cozinha etc. É uma prática de cooperação bastante saudável. Outro benefício, talvez o principal, é que dentro daquele ambiente você se relaciona com outros empreendedores, fortalecendo sua rede de contatos, quem sabe até conseguindo um novo cliente. A questão da socialização é um dos atrativos deste ambiente. Você não trabalha sozinho, está sempre vendo pessoas imbuídas de um mesmo propósito: o de criar algo que possa se transformar no seu negócio, o que faz daquele ambiente algo muito agradável de se estar. Também é razoável de se pensar que alguns escritórios de *coworking* terão dificuldades de se manter ativos, pois uma parcela dos clientes seguirá trabalhando apenas em suas próprias residências, algo que aumentou muito durante a pandemia da Covid-19, com o isolamento corporal.

As universidades costumam ter um local chamado parque tecnológico, que tem o objetivo de fomentar a inovação tecnológica, sendo onde as startups se desenvolvem. Empresas que já saíram da incubação e se graduaram, sendo promissoras startups, recebem aportes de investidores — venture capital e fundos private equity — dependendo do tamanho da necessidade para um crescimento vertiginoso esperado. Lá ficam as empresas incubadas, que precisam contar com o apoio da incubadora para se desenvolver. Para ter suporte aos seus projetos, os empreendedores contam com consultorias especializadas dos professores da própria universidade. Aí a colaboração pode contribuir para o sucesso de cada empreendimento.

Tive a oportunidade de conhecer alguns parques tecnológicos e é bastante estimulante fazer uma visita a um deles. Recomendo a todos que estejam buscando ampliar seus horizontes e, quem sabe, tornar-se um empreendedor. Grandes empresas também se valem desse recurso de ter pesquisa e desenvolvimento de produtos e serviços em um ambiente como esses, contando com assessoria de professores, Doutores e Mestres, nas áreas.

Os próprios parques tecnológicos fomentam uma área dentro deles para a prática de *coworking*, esperando que esses iniciantes no negócio venham a ter sucesso em suas empresas. Talvez na sua região exista uma universidade com um parque tecnológico. Há uma organização que pode lhe ajudar a encontrar a melhor opção. Trata-se da Associação Nacional de Entidades Promotoras de Empreendimentos Inovadores (Anprotec).[1] Essa entidade conta com cerca de 300 associados, dentre incubadoras de negócios, aceleradoras, parques tecnológicos, *coworkings*, instituições de ensino e pesquisa, e alguns órgãos públicos com foco em empreendedorismo e inovação. Se você ainda não sabe o que fazer, mas gostaria de empreender, não importando sua idade, agende uma visita guiada nesse local e se surpreenderá. Eis uma oportunidade ímpar para plantar uma semente inovadora, que pode mudar a sua vida. Se o mundo mudou, você não pode continuar a ser o mesmo em tudo. A transformação pessoal é uma das características dos vencedores.

Os exemplos de atividades empreendedoras sugeridas acima precisam começar com a inserção no contexto da Quarta Revolução Industrial. Use ferramentas de IA para alcançar os nichos de público escolhido. Se o seu empreendimento contar com poucos recursos financeiros, busque alguma organização que possa lhe prestar esse tipo de serviço. Outra forma é abrir o negócio para a entrada de um investidor-anjo. Por fim, busque um sócio que possa participar da empresa, com um conhecimento complementar ao seu e cujo aporte de capital social venha a dar condições para bancar essas iniciativas. A colaboração entre pessoas e organizações tende a ser cada vez mais presente no mundo dos negócios, e na Quarta Revolução Industrial. A colaboração e a tecnologia disruptiva andam de mãos dadas na era atual. Participe deste processo, ativamente, e terá uma boa chance de êxito.

Endnotes

1 <https://anprotec.org.br/site/>. Acesso em: 16 jul. 2020.

MEGATENDÊNCIAS

ATÉ O MOMENTO, FOI TRAÇADA UMA LINHA DO TEMPO com algumas das transformações de maior repercussão na vida humana. Esperamos assim que cada um possa estar convencido das mudanças que estão ocorrendo na humanidade e, mais importante do que isso, da velocidade com que elas se sucedem. No momento presente, a transformação se aproxima e não tem limites. Ela está ocorrendo em velocidade colossal. O movimento é radical. Se perdermos o trem dos acontecimentos agora, não conseguiremos mais pegá-lo, tamanha a velocidade a ser imprimida nos próximos anos. Não nos desesperemos, diriam alguns, pois estamos todos no mesmo barco. Talvez isso não seja uma mensagem positiva, já que parte da humanidade é formada de desavisados, os quais poderão se afogar. A exceção se dá aos que souberem entender o que está por vir e tomarem as decisões corretas em suas vidas, as quais estão ao alcance de todos nós. Basta querer e agir. Para compreender um pouco melhor o que tende a acontecer, independentemente da vontade de qualquer pessoa, vou tratar aqui de algumas megatendências. Estas representam indicativos do que se estima que ocorrerá e que poderá, provavelmente, afetar a qualquer pessoa, nesta e nas próximas décadas. Pode ser que não aconteça da maneira como se acredita, mas vão chegar, ainda que de modo um pouco diferente e em tempos diferentes.

De forma oportuna, devido à pandemia, faço primeiramente uma contextualização de algumas das grandes doenças infecciosas que abalaram a humanidade, causando milhões de mortes e gerando consequências que desencadearam mudanças nos hábitos, nas relações humanas e no comércio. A primeira da lista é a Peste Bubônica ou Negra; a segunda, a Varíola; a terceira, a Gripe Espanhola; e, por fim, a Covid-19. Tivemos epidemias recentes, como a Síndrome da Imunodeficiência Adquirida (AIDS), a Síndrome Respiratória Aguda Grave (SARS) e uma variante da Influenza, a (H1N1), mas aqui elas não serão abordadas, pois seus impactos gerais no macroambiente, produzidos em relação às demais aqui discorridas, têm sido relativamente menores.

Enquanto escrevo este livro, as notícias diárias do número de mortos em cada país permeiam toda a mídia e nos causam pavor, pois ninguém consegue precisar até quando esta pandemia vai durar, nem quando teremos uma ampla maioria da população global vacinada. O certo é que ela está criando uma nova ordem no mundo. Os efeitos econômicos devastadores ainda não foram completamente assimilados, mas o serão em breve e a humanidade terá que se adaptar a uma nova realidade, um novo padrão, que muitos chamam de o "novo normal". Aliás, este termo já era usado no Brasil há uns bons anos, na época da última recessão econômica.

Assim, falar em novo normal não tem nada de original. Melhor seria o "novo padrão". Estamos diante de uma megatendência bem pontual. Isso se deve à expectativa de que uma economia global, para se recuperar do impacto e das transformações ocorridas e daquelas que ainda virão, precisará de um longo tempo, que, por enquanto, tem duração imprevisível.

As epidemias têm assolado a humanidade desde a história antiga. Assim podemos esperar que de tempos em tempos elas apareçam e nos causem sofrimento e danos gerais de máxima gravidade — principalmente a perda de vidas humanas em grande número. Felizmente, a ciência tem conseguido estancar a maioria delas, embora, vez por outra, elas apareçam em certas regiões. Mas costumam ser controladas após o impacto inicial. Outras, ainda sem uma vacina ou algum medicamento de cura efetiva, propagam-se. Não há como negar que doenças infecciosas constituam uma megatendência e que olhando para trás e para o presente devamos aprender com esses acontecimentos, a fim de nos sairmos melhor em futuras visitas indesejáveis destes minúsculos vírus e bactérias. Durante um evento desta envergadura, como o atual, o macroambiente fica volátil, incerto, complexo e ambíguo (VUCA), do inglês volatility, uncertainty, complexity and ambiguity. E, o pior de tudo, com muitas vidas perdidas. É um dano irreparável.

TIPOS DE MEGATENDÊNCIAS

Se alguém pensa que deve se preparar para as grandes transformações que estão chegando, deveria refletir sobre quais as tendências que vão impactar no mundo e que, de uma maneira ou outra, nos afetarão diretamente. Uma tendência é algo que se pode esperar que aconteça, mas sem a certeza de que ocorrerá de fato. É uma probabilidade. Se preciso pensar em me manter firme na atual profissão; se sou um estudante e gostaria de poder antever como será o mundo, eu poderia escolher uma dentre as profissões que me atraem, mas que se enquadrassem bem no novo cenário estimado; e, se tenho uma empresa, preciso avaliar os diferentes cenários durante o processo de elaboração da estratégia que minha empresa vai adotar.

Para exemplificar, se você pensa em montar uma fábrica de baterias, como as que os automóveis de hoje usam, deve considerar que em certo momento do futuro essas baterias terão seu mercado, gradativamente, diminuído. Em alguns países este processo será iniciado antes de outros menos desenvolvidos. Isso ocorrerá pela substituição delas por baterias de lítio, que são as empregadas nos carros elétricos, inclusive nos autônomos. Neste caso seria fundamental analisar as leis de seu país e acompanhar as informações regulatórias, que, segundo Reichert (2018), impactam sobre os motores poluentes que hoje predominam no mercado automobilístico e que parecem estar com os dias contados. Desta forma, você poderá estimar quando vai acontecer e em que fase será implementada. Por fim, concluirá se este empreendimento faz sentido. Lidar com megatendências não é adivinhação, é estimativa com base em estudos, análise de informações, pesquisas de tendências e de mercados...

Esse cenário projetado não depende de sua vontade. Por isso, as megatendências, como o nome diz, são geralmente globais. Em países grandes, certas regiões podem sofrer mais impactos do que outras, inicialmente. Nada que você fizer vai alterar a projeção do PIB de um país, tampouco a inflação. O ambiente macro é o que aqui importa. Sem fazer uma análise criteriosa sobre o comércio internacional, já se percebe que, diante da crise econômica, alguns países vão restringir a entrada de produtos importados como forma de fortalecer sua indústria nacional. São economias degradadas pela crise do coronavírus. Ainda é muito cedo para se ter uma estimativa mais certeira, mas esta parece ser uma tendência global, que certamente produzirá atritos entre os países exportadores e as demais economias. Ímpetos de estatização de empresas podem crescer em todas as regiões do planeta, pela mesma razão. Alguns países o farão por temor de que economias bem maiores e mais fortes acabem adquirindo as suas empresas mais importantes, deixando seus países enfraquecidos.

As megatendências serão aqui divididas em alguns grupos de análise pois, assim organizadas, a tarefa fica facilitada. A ordem não segue exatamente a classificação feita na literatura. Há uma ferramenta de gestão, conhecida como PESTEL, que agrupa a análise em **P**olíticas, **E**conômicas, **S**ociais, **T**ecnológicas, **E**cológicas e **L**egais. Aqui separamos alguns tópicos dentro da análise social e outros dentro da tecnológica, o que não altera em nada o conteúdo, para atender o propósito deste livro. Logicamente, a Ecologia (questões ambientais) vem desempenhando um papel cada vez mais importante nas nossas vidas. Da mesma forma, a legislação, com suas regulamentações, exerce um papel crucial sobre os cidadãos e os negócios em qualquer país. Fazer projeções políticas é bastante frustrante, pois ninguém pode prever quem será o próximo presidente brasileiro e, menos ainda, daqui a dez anos. O que vai acontecer na China se o atual líder, por qualquer razão, não puder seguir no seu posto? E na Rússia? São pontos extremamente complexos e com inúmeros desfechos possíveis.

Na geopolítica global é notório que as forças pendam para a China. Ela tem a economia que mais cresce e uma população de mais de 4,5 vezes a norte-americana. As rédeas do mundo estarão sob o controle daquele país em poucos anos. Em verdade, podemos dizer que este processo já começou. Também é fato que haverá um movimento de forte resistência a esse processo de avanço chinês. Quanto às análises econômicas de longo prazo, é bastante temeroso fazer projeção de números. O que é factível é projetar crescimento econômico; imaginar que a crescente população mundial necessitará de mais alimentos, minerais e energia. Países com esses recursos tendem a crescer mais e com melhores condições de investir em infraestrutura e bem-estar social. Como você se imagina afetado por essas questões sociais? Será que sua vida, ou a minha, podem ser atingidas por fatos que são previsíveis agora? Caso queira mitigar esses riscos, é necessário agir, pois o mundo está sempre de braços abertos para boas e novas iniciativas.

MEGATENDÊNCIAS SOCIAIS

Na Idade Média, quase nada diferente acontecia, mas a partir da metade do século XV inicia-se a Idade Moderna. Com ela, veio a expansão territorial das potências marítimas, atingindo terras desconhecidas de outros continentes, com o aumento do comércio exterior da Europa. A Reforma Protestante de Martinho Lutero, na Alemanha, em 1517, provocou mudanças profundas no cristianismo europeu ocidental. Outro evento social impactante na sociedade europeia foi a Revolução Francesa, iniciada em 1789, mas com efeitos que perduram até os dias atuais. O conhecimento científico progredia a passos largos.

A Europa, como talvez nenhum outro continente, tem sofrido profundas mudanças, ocorridas a partir de grandes eventos. O mapa do velho continente foi alterado diversas vezes nos últimos séculos. Uma nova sociedade foi sendo formada na Europa. Uma mudança bem perceptível se deu no âmbito comportamental de seus povos. Os ideais haviam mudado. O capitalismo, desde a Primeira Revolução Industrial (final do século XVIII), passou a influenciar o mundo. A mentalidade empreendedora e o lucro como necessidade imperativa pela sustentabilidade dos negócios foram formatando o modo de pensar e de viver. Chegou o Século XX. As duas Grandes Guerras Mundiais assolaram parte do mundo e as gerações que se seguiram mudaram seu jeito de ser — uma peculiaridade comportamental coletiva — que segue mudando a cada 10 ou 20 anos. São gerações tão diferentes que atribuem valores distintos do que lhes é importante ou deixa de ser e de como lidar com o mundo novo e seus avanços tecnológicos.

As questões do papel da mulher, da concentração de renda, do envelhecimento da população e do crescimento desenfreado da população africana, justamente a mais pobre, são alguns outros fatores demográficos que provocam reflexos e mudanças em todos os continentes, que seguem como megatendências sociais. A mulher vem ganhando a devida relevância na sociedade. Ela cursa uma universidade, muitas vezes se especializa e só depois passa a ter filhos. De acordo com a PWC,[1] neste ano de 2020, pela primeira vez, as mulheres com mais de 30 anos serão a maioria a ter filhos, tanto na Europa, como na América do Norte. Em outras palavras, os casais geram sua prole cada vez mais tarde. Atualmente, mais de 70% dos orçamentos domésticos estão geridos pelas mulheres entre os países do G7, aqueles sete que representam as maiores economias do globo.

A mesma fonte detalha que as 85 pessoas mais ricas do planeta detêm fortuna equivalente às 3,5 bilhões das pessoas mais pobres. No Japão, anualmente, são encerradas as atividades de 400 escolas, pelo motivo do envelhecimento populacional. A questão social tem exigido ações dos governos, que parecem mais preocupados em resolver apenas o problema da previdência social de seus países, do que adotar uma estratégia de longo prazo, projetando os componentes das megatendências sociais e demográficas para, então, ter um sólido plano econômico de Estado.

O jogo perverso da política leva os países a alongarem e aumentarem seus problemas, pois, em geral, os profissionais eleitos parecem pensar mais na manutenção do poder, dos cargos, de seus grupos ideológicos e partidos políticos, do que em uma construção de nações mais preparadas e justas, que reconheçam e incentivem o empreendedorismo, uma vez que é com ele que se gera emprego e renda. E o foco na educação, sempre tão propalada em campanhas eleitorais? Um escárnio com seus eleitores. Cada novo governo parece começar tudo outra vez. Muda-se o partido que assume o poder executivo, e faz-se questão de descontinuar o que estava sendo construído. Essa falta de continuidade, com um claro propósito de Estado e não de um partido, tem feito com que países, como os latino-americanos, não se desenvolvam.

Falta um norte, que no mundo dos negócios se chama de Visão de longo prazo. Ela vai provocar tendências sociais novas em uma nação. Uma análise simples para o desenvolvimento estratégico de qualquer governo, ou mesmo empresa, passa por uma ferramenta. Uma das mais conhecidas e aplicadas no mundo empresarial é a Matriz SWOT (acrônimo de Strenghts, Weaknesses, Opportunities and Threats). Reichert (2018) lista as forças e fraquezas do ambiente interno assim como as ameaças e oportunidades do ambiente macro. Sua aplicação ajuda a entender a situação de cada organização governamental, para reconhecer suas virtudes e pontos de melhorias, assim como o que ameaça o país, como: crescimento exagerado da população, ou o contrário, envelhecimento populacional acelerado; o analfabetismo; a concentração de renda em certos setores e de pessoas; nível educacional cada vez pior; e a mudança de comportamento dos jovens.

Dessa forma, refletir sobre um tema de políticas sociais de longo prazo é sempre melhor do que ignorá-lo e imaginar que sozinho ele se resolve. Entender que um Estado com um plano de longo prazo, de 30 ou 50 anos, pode reverter certas tendências sociais de um país, é um sonho que ainda espero ver acontecer. Relatar o óbvio não é sinal de sabedoria, mas tentar influenciar, pelo voto, nas decisões estratégicas de um país, é um papel que nenhum cidadão deve abrir mão.

DOENÇAS INFECCIOSAS

Atualmente está comprovada que há cerca de 5 mil anos a Peste Bubônica já atacava a nossa espécie, segundo análise dos esqueletos das covas coletivas encontradas em escavações arqueológicas na Suécia. Sabe-se lá desde quando esta doença vitimiza os humanos. Um bacilo chamado *Yersinia Pestis*, nos idos do século XIV, teria vindo da Ásia pela rota da seda e pelas embarcações, que a cada porto atracado na Europa disseminavam a doença. Ela se dava por meio da picada de pulgas que viviam em um tipo de rato. Em poucos dias da infecção ela produzia grandes manchas escuras na pele e inchaços em algumas áreas do corpo, denominadas bubões, daí o nome de Peste Bubônica, também conhecida como Peste Negra, em razão das manchas provocadas. Ela matava em até oito dias após a pessoa ter sido infectada. Em um momento mais adiante, a doença se propagou também pelas vias aéreas, por meio de espirros e tosse. Os cuidados com a higiene naquela época eram precários e o saneamento, um desastre. Cidades tomadas por corpos caídos retratavam o caos criado pela doença.

De acordo com Hart-Davis (2007), as publicações do número total de mortos eram muito imprecisas e variam entre 25 e 80 milhões de pessoas, talvez correspondendo a um terço da população total da Europa. A praga não foi extinta e retornava para as próximas gerações, mas sem o nível de dano daqueles anos de 1347 a 1351. O declínio exagerado da população comprometeu as economias dos países europeus e o desemprego foi para um nível crítico, inicialmente. As mudanças sociais em decorrência desse evento foram irreversíveis. A força laboral foi afetada pelo óbito de milhões de trabalhadores. Os salários aumentaram, obedecendo a velha lei da demanda e da oferta, no caso para o trabalho. Na sequência, a agricultura passou por inovações, com novas técnicas de arado e de cultivo. As cruzadas abriram mercado no oriente, para que o excesso de produção pudesse ser exportado. As práticas dos artesãos tiveram um desenvolvimento e as cidades cresceram. A burguesia começou a adquirir importância econômica e se impor à nobreza. Mesmo depois de uma epidemia arrasadora, os sobreviventes foram se adaptando às novas dificuldades, superando-as, para que em poucas décadas entrassem no período dos descobrimentos e, daí em diante, a Europa conquistou novas terras e riquezas. O desenvolvimento das artes e da ciência prospera.

Nossa espécie — *homo sapiens* — vem superando conflitos e doenças há centenas de milhares de anos e aqui nos encontramos. Ela sempre soube como se adaptar e se reinventar. Não é à toa que cá estamos nós. A Varíola, outra infecção por vírus, altamente contagiosa pelo contato com as secreções das feridas dos contaminados, é uma daquelas com alto grau de mortalidade, em cerca de 30% dos infectados. Estima-se que 300 milhões de pessoas tenham perecido devido à Varíola, no século XX. Cinco milhões de pessoas perderam suas vidas no Século II d.C., no Império Romano, devido à epidemia que chamaram de Peste Antonina. No século VIII de nossa era, o Japão teria perdido um terço de sua população pela mesma epidemia da Varíola. Na Islândia, no Século XVIII, pereceram um quarto de seus habitantes. Felizmente temos vacina desde o final do século XVIII. Hoje, a doença se encontra erradicada. A ciência, novamente, dando solução aos males que afligem a humanidade.

Por fim, cito aqui uma terceira das tantas pandemias que afligiram grandes populações em diferentes regiões do globo: a Gripe Espanhola. Um tipo de doença provocada por um vírus da Influenza[II], uma variante da H1N1, que eclodiu em 1918 e reapareceu em 2009, no México, e de lá para outros países. Segundo Greco e Fonseca,[III] o vírus ocasiona doença respiratória em suínos e afeta o homem. Possui genes de suínos, aves e do próprio homem, sendo eficaz na propagação inter-humanos. Entre 1918 e 1919, supõe-se que mais de 20 milhões de pessoas perderam suas vidas, de acordo com os mesmos autores. Há estimativas de mais de 50 milhões, mas o fato é que é impossível assegurar qual o número real. Embora a taxa de mortalidade seja, relativamente, baixa, na ordem de 3%, muitos adoecidos acabavam morrendo de infecção hospitalar. Os cuidados com a assepsia eram insuficientes, o que teria elevado o número de mortos substancialmente. O mundo vivia em plena Primeira Guerra Mundial e a movimentação de tropas contribuiu para que o vírus se espalhasse, alcançando todos os continentes.

PANDEMIA DA COVID-19

Em 2020, veio à tona uma pandemia que trouxe resultados surpreendentes à vida humana em nosso planeta. Ela tem ceifado vidas — a pior consequência de todas — e também provocado sofrimento físico e mental, além de um desastre mundial na economia, algo sem precedentes na história recente. Reservas financeiras foram arrebatadas de quem as tinha e não pode repô-las. Raras são as empresas com capital de giro para se sustentar por muito tempo sem que haja receita. Pequenos empreendedores — aqueles que dependem da venda de cada dia, tanto para cumprir com suas obrigações, como para a própria subsistência — sentiram-se ameaçados na continuidade de seus negócios. Muitos têm sido obrigados a fechar as suas portas. Empregos foram aniquilados em todo o planeta e em algumas localidades dependentes do turismo, essencialmente, uma massa considerável de pessoas e pequenos negócios se viu dizimada pela sorte.

O baque econômico foi sentido também por empresas maiores, muitas das quais fizeram demissões massivas. Pela simples razão de que vivemos em uma era globalizada, o que significa que as informações estão disponíveis em tempo real e em qualquer lugar do planeta. Mais do que isso, a circulação das pessoas de um país a outro, em todos os continentes, não tem precedentes, em tamanha grandeza, com qualquer outro período da história humana, fato que contribui para uma rápida disseminação de doenças infecciosas em escala global.

O novo coronavírus provocou uma antecipação de algumas das tendências relativas ao comportamento humano que se modificariam nas próximas décadas. A quantidade de trabalho e estudo a distância alcançou níveis impensáveis até então, em decorrência desta pandemia. O mundo digital é o novo padrão. Passados os picos dessa enfermidade, quantos que tomaram gosto pelo trabalho em suas casas (escritórios home-office), ou por estudar sem precisar ir às escolas, vão querer voltar ao modelo anterior? Ainda é cedo para conclusões a respeito, mas a megatendência que a tecnologia digital vai produzir no processo de trabalhar e estudar, parece ter sido antecipada para um número incontável de novos adeptos dessa forma de interação.

Essa pandemia acelerou o processo de virtualização do nosso mundo, graças à tecnologia da conectividade e da mudança comportamental. A sociedade não mais vê com maus olhos aqueles que trabalham a distância e que fazem seus cursos na modalidade de ensino não presencial. Ao contrário, encontraram nessa modalidade a única forma de seguir, trabalhar e auferir ganhos para sua manutenção. Um farto número de empresas percebeu que essa também seria a melhor maneira de manter seus negócios ativos, pelo menos em parte. Em pouco tempo proliferaram as encomendas em domicílio, não apenas de refeições, mas de compras em geral. Mesmo as atividades classificadas como essenciais e que puderam se manter abertas ao público, tiveram que se fortalecer nas telentregas, pois a população pouco saía às ruas.

Já as lojas de roupas e calçados sentiram o efeito perverso da pandemia. Ainda que entregassem compras nas residências, o cliente gosta de experimentar, buscando o item mais confortável, tornando um pouco menos efetiva essa medida para o negócio. Quanto ao setor de serviços, esse é muito amplo. Os bancos, segmento já altamente digitalizado, saíram-se bem. Parcela importante de seus colaboradores ficou trabalhando em casa, atendendo pelos canais digitais e parte, sempre em número reduzido, dentro das agências, para manter a instituição funcionando. Agendamentos para casos especiais foi uma das boas medidas. A procura por empréstimos teve um incremento notável nesse período. Bom para o sistema financeiro, mas muitas vezes frustrante para o tomador. Como o risco aumentou, causado pela queda de faturamento nas empresas e de renda para as pessoas físicas, a possibilidade de inadimplência para quem emprestou, é evidente. A liberação de recursos ficou mais criteriosa.

No Brasil, as verbas federais para mitigar os danos dessa crise na renda das famílias foram relevantes e primordiais. Foi decretada uma carência ou, em alguns casos, desoneração, além do parcelamento de alguns impostos federais e encargos sociais, objetivando um alongamento dos prazos de pagamento para os empregadores, principalmente para as pequenas empresas. Foi de fundamental importância esse tratamento diferenciado para a manutenção das atividades e do emprego nesse momento em que a pandemia eclodiu e assombrou os cidadãos. Mas isso tem um alto preço a ser pago logo mais. Os custos que essa pandemia provocou nas contas públicas exigirão sacrifícios de cada nação, por longos anos, a fim de garantir os serviços necessários e a vitalidade do sistema como um todo. Decerto, teremos tempos difíceis pela frente.

Outro componente novo, que surgiu a partir dessa pandemia, é a questão do relacionamento entre as pessoas. Famílias e grupos de amigos aprenderam a fazer reuniões por videoconferência. E o interessante é que conseguiram usar as plataformas digitais rapidamente. A necessidade revela nossos talentos. Pessoas que antes não tinham tempo para isso, agora têm, devido ao confinamento social, passando a conversar mais do que faziam até este evento surgir. O senso de solidariedade brotou em nossos corações e o que se viu foram vizinhos e moradores de bairros se solidarizando uns com os outros; jovens ajudando os mais velhos; pessoas encontrando soluções para problemas do cotidiano; doações, aqui e acolá, brotaram de mentes benévolas e até de quem nunca doava. Indivíduos externalizaram seus gestos de caridade, coletando e entregando cestas básicas para quem precisava. Outras ações foram direcionadas para o setor de saúde; familiares ajudaram os mais velhos; pessoas de uma mesma rua ou bairro passaram a se ajudar da forma que podiam. A criatividade emergiu de nossas cabeças. Quantos conseguiram desenvolver suas próprias máscaras para doação? Tem gente que começou assim e viu aí uma oportunidade de geração complementar de receita, por vezes a única fonte de recursos para sua sobrevivência.

Um ponto interessante para a economia individual e mesmo à empresarial foi que o isolamento corporal reduziu os gastos pessoais e gerais. Percebi quanto gastava em restaurantes, lojas, turismo, combustível e estacionamento quando verifiquei o extrato do cartão de crédito. Mas, o que foi bom para mim e para todos na mesma situação, foi ruim para a economia em geral. Se não comprarmos, como os lojistas vão superar a escassez de receita e a degradação de sua liquidez? E para os municípios, estados e países? Qualquer economia, para funcionar bem, precisa contar com um consumo adequado, que, se mantido em bom nível, gera serviços, engorda o comércio e mantém as produções das indústrias. Os tributos fluem para os cofres públicos e financiam aquilo que compete ao setor público. Desta forma, teoricamente, recuperamos em bem-estar social, segurança, saúde, educação e cultura, uma fração daquilo que recolhemos. Parte importante precisa ser destinada para o funcionalismo público, necessário para manter a roda girando, e outra parcela significativa deve ir para as aposentadorias. Elo quebrado, corrente partida, tudo fica fora de controle. É um risco que se pode imaginar, desde um cenário mais otimista até um bastante pessimista.

Se existe alguma categoria profissional que merece o reconhecimento da população é a dos trabalhadores do segmento de saúde, como médicos, enfermeiros, auxiliares, faxineiros e toda a complexa estrutura de pessoas exigida para manter um hospital ou uma clínica em funcionamento. Eles arriscam suas vidas para atender os que deles necessitam, em gesto de solidariedade humana irrepreensível e laudável. Será que, passado um tempo, a humanidade vai se esquecer daquilo de bom que foi praticado durante a pandemia da Covid-19? Vamos regredir naquilo que conquistamos de humanismo, nesses tempos difíceis? Registre-se que alguns não aprenderam a lição. O mar está sendo contaminado por máscaras de proteção usadas durante a pandemia. Lastimável! Que não se coloque a culpa no material de que elas são feitas, no caso, plásticos. Culpadas são aquelas populações mal educadas e irresponsáveis, que não destinam adequadamente seus resíduos domésticos. Preferem descartar na rua, nas praias, no chão onde estiverem passando. Acredita-se que os materiais plásticos tiveram relevância na defesa dos habitantes de todos os recantos do planeta, diminuindo o contágio do Coronavírus. Não fosse isso, não teria sentido algum usar as máscaras, cujos tecidos são de fibras têxteis plásticas e nem aquelas usadas por profissionais da saúde, que protegem o rosto todo, conhecidas por face shield, todas de plástico. Os equipamentos de proteção individual (EPI) não se restringem somente aos itens citados, mas também às roupas de tecido composto por fibras plásticas, como nas aplicações de tocas, aventais e pantufas usadas nos hospitais. As informações que chegam à população afirmam que o vírus dura vários dias nas superfícies diversas. A embalagem plástica descartável contribui para a diminuição da forma de contágio em certas superfícies, como as dos copos, pratos e talheres de restaurantes, nem sempre tão bem lavados quando não descartáveis.

Quem ainda, depois de todo este acontecimento, tem dificuldades em acessar a internet, ou pelo menos usar os principais recursos de um celular ou de um notebook, deve ter uma dificuldade imensa de passar o tempo se educando, se divertindo — sim, o mundo digital proporciona infinitas possibilidades — e, principalmente, se relacionando com os familiares, amigos e outras pessoas. Pior do que isso, perderam uma rara oportunidade, na qual as pessoas passavam longas horas em seu ócio diário, disponíveis em suas redes sociais. Não mudaram, não acompanharam a evolução das transformações, todavia fizeram a reserva, por opção, na nova residência, o eremitério. No seu túmulo, o epitáfio dirá: "Lagarta que não se transformou em borboleta."

Momentos de isolamento social podem servir para avivar a criatividade e a inspiração que cada um de nós tem. A propósito, o termo isolamento "corporal", como já escutei, é melhor do que isolamento "social", pois todos estão interagindo pelas redes sociais. O que não existe, como antes, é o contato físico entre as pessoas. Assim sendo, acho que foi feliz quem, primeiramente, caracterizou o momento como isolamento corporal. Entretanto, há um lado perverso que castra as iniciativas boas das pessoas, já cansadas do isolamento corporal e de suas consequências.

Falando com um empresário do ramo imobiliário, em meados de 2020, ele me disse que vários membros de sua equipe estavam abalados psicologicamente com essa situação toda, que ia da falta de negócios até a inexistência de qualquer perspectiva da duração dessa pandemia e de suas implicações. A necessidade de manter uma distância mínima dos colegas, o fato de não poder abraçar familiares e amigos tem abalado as pessoas. O empresário contratou um psicólogo para ajudar seus funcionários. Não há estatísticas confiáveis dos casos de depressão causada pelo isolamento corporal. É possível que não venhamos a saber, mas o problema existe e é sério, podendo chegar a casos extremos de alguém cometer suicídio. Eu sigo, por necessidade e prevenção, à risca no isolamento social, assim como minha esposa. Não abraço meus filhos e netas, nem minha mãe já faz meses. Será que vai até maio de 2021? Até dezembro? Até quando? Para mim, este é o ponto que causa maior ansiedade nas pessoas. Não há ninguém que consiga prever quando voltaremos à normalidade do convívio social. Do econômico, já se pode antever que os tempos vindouros serão muito difíceis e a retomada do crescimento e do emprego, tão necessários para todos, pode levar anos, talvez uma década. Governos precisarão recompor o caixa e as medidas, assim, serão sentidas por toda a população.

O ano de 2020 amargou indicadores econômicos péssimos. Cabe um esforço especial para superarmos esta crise emocional e geral, usando nossas habilidades para nos educarmos, para aprendermos e para compartilhar o nosso lado ligado às artes. Tenho aproveitado essa ociosidade para escrever algumas poesias e colocar melodias nelas, compondo assim mais músicas para o meu repertório atual. Flores e Cores, a seguir, foi recém-concebida. Um pouquinho de poesia para pensar que o mundo de cada um pode ser mais florido e tingido com uma paleta de cores de todo o espectro onde nossos sentidos afloram, sem que percebamos e que, assim como um acalanto traz sossego a um bebê, a poesia reconforta nossas almas.

Flores e Cores
Marco Juarez Reichert

Rara cena diligente
Que selou meu pensamento
Acabando com a gente
Em que pese o seu momento

Ver seu rebento tão lindo
Para a vida desabrochar
Melhor ainda, ele está sorrindo
Para a tristeza, um debochar

Dor da mãe, por compaixão
Lá postada com seu pranto
Abrandada à solidão
Confortada pelo canto
Oh flores! Nunca as apreciei tanto
Oh cores! Que completam nosso mundo
Oh cheiro! Apraz respirar profundo
Oh choro! Para acalmar, só acalanto

O VOVÔ E O NETO RUMO À DISNEY

Em 2019, a família do João, um jovem de 15 anos, aceitou o presente do vovô que era pagar uma viagem ao seu neto para os Estados Unidos, especificamente para Orlando, a fim de conhecer a Disney World, um sonho ainda não realizado para o jovem. O vovô, um ser do mundo analógico, ofereceu-se para ir junto, como responsável pelo menor de idade e sugeriu irem a uma agência de viagens para organizar o pacote, mas seu neto João, muito afeito ao digital, dissuadiu-o da ideia. "Não, vô. Vamos fazer tudo pela internet. Vem comigo. Vamos precisar de nossos CPF, número e validade dos passaportes e de seu cartão de crédito."

O vovô estava incrédulo. João quis demonstrar suas habilidades digitais e, usando seu smartphone, fez a pergunta: "Como está o tempo hoje em Orlando, na Flórida?" Prontamente, veio uma voz do seu gadget (aparelho), dizendo que o dia estava bonito, mas que poderia mudar logo. Além disso, mostrou uma tela com as diferentes temperaturas para as distintas horas do dia. Vovô ficou bem impressionado e gostou do que havia presenciado. Foram os dois para o computador do João, que entrou nos sites de algumas companhias aéreas e começou a pesquisar pelos melhores preços. Entrava em uma empresa, saía, entrava noutra, e assim sucessivamente. Acharam que os preços estavam demasiadamente altos.

João demonstrou um predicado valioso: a paciência. Sentia-se recompensado quando se dava conta de que estava fazendo algo de bom. Vovô, por seu lado, ficava à vontade e sem constrangimento diante da generosidade do neto para lhe ensinar sobre uma nova forma como as relações comerciais e pessoais ocorriam hoje em dia, da qual sempre esteve distante. Surgiu uma dúvida em um dos sites e o neto clicou na aba "ajuda". Imediatamente, começou a trocar frases com a atendente, a Lucy. João explicou ao vovô que aquilo era um programa de computador, cujo objetivo é tirar as dúvidas do cliente, sem precisar de um funcionário. São os robôs virtuais, que causam inclusive a impressão de que você está sendo atendido por uma pessoa do mundo real. João comentou que teriam tempo para realizar a compra, valendo a pena esperar, pois as companhias aéreas sabiam que eles estavam acessando a concorrência e começariam a fazer ofertas mais em conta. No outro dia, sentaram-se diante do computador, novamente iniciando o acesso por um site de previsão do tempo. Imediatamente, começaram a aparecer propagandas das empresas aéreas, com preços promocionais de passagens para Orlando. João fez a compra das duas passagens por preços bem abaixo do que a mesma empresa ofertara no dia anterior.

Dois dias antes do embarque, fez o check-in online. João e seu avô receberam, em seus smartphones, o cartão de embarque. O documento tem um desenho indecifrável aos nossos olhos — que é o QR Code, ou código QR. Trata-se de um código de barras bidimensional que pode conter informações de texto, números, um e-mail, ou outros dados. O vovô questionou o neto sobre a falta de um bilhete impresso e como aquela telinha com o QR Code funcionava. João disse que não havia mais razão para o papel impresso e na hora do embarque bastava aproximar aquele código de um leitor ótico para adentrar a área de embarque. Chegado o dia da viagem, lá foram os dois, com um transporte de aplicativo que os buscou em casa, com preço bem mais baixo de um táxi, até pelo caminho mais curto e sem voltas propositais no percurso feitas por alguns taxistas para receberem mais por uma "corrida". O serviço de transporte privado sofreu uma grande transformação disruptiva nos anos recentes.

A dupla se dirigiu a um totem de autoatendimento. Os dois digitaram algumas informações solicitadas, e a própria máquina emitiu as etiquetas das malas.

Assim, elas foram despachadas de forma rápida. Uma vez na imigração, colocaram o passaporte, aberto, em um leitor, colocaram a mão sobre outro leitor que grava suas impressões digitais e, por fim, tiveram que olhar para uma lente digital, que captura sua foto. Você executa tudo isso sozinho. Tudo registrado e confrontado com registros prévios do banco de dados do sistema. Liberada a entrada até a sala de embarque. Agora, com tempo e tranquilidade, João disse ao seu avô que escutaria um livro — Como assim escutar? — disse o vovô surpreso. João declarou que preferia escutar alguém lendo um livro, do que ele mesmo o fazendo. São os tais de audiobooks. Há opções grátis, mas uma grande variedade se dá por meio de um serviço pago. Vovô achou interessante a ideia, mas afirmou que preferia a leitura tradicional, pela forma física. João disse que baixaria (download) para ele um e-book — livro digital, que você lê em seu smartphone e que simula estar em papel impresso. Vovô não se mostrava adepto a ler em uma telinha de smartphone, mas ousou experimentar. Qual foi a surpresa? Ele apreciou. Quando se deu conta de que havia uma quantidade enorme de opções, admitiu ser esta uma alternativa viável e disse que, quando sua visão estiver bem "fraca", se a audição ainda o permitir, já sabe que terá o recurso do audiobook para não perder a chance de aproveitar o que os livros podem oferecer e que tanto lhe apraz. Quando o neto João lhe explicou que há sites com milhões de títulos de livros que podem ser adquiridos pela internet que podem ser recebidos em sua própria casa, ou no seu tablet/smartphone/Kindle, vovô, impávido após toda esta experimentação, sentiu-se aguçado a experimentar o novo, para seu deleite.

A respeito da questão dos livros que podem ser comprados pela internet, vale a pena discorrer um pouco sobre o que foi escrito por Chris Anderson (2006), autor do best-seller *A Cauda Longa*, termo por ele criado para enquadrar certo tipo de modelo de negócios disruptivos. O autor ajuda a entender como atuar nos mercados fragmentados, com a ideia central de explicar como as empresas podem se valer do mercado de nicho, no lugar do mercado de massa. A disponibilidade de livros impressos em livrarias físicas é finita e relativamente pequena. Todo estoque custa muito dinheiro para ser mantido e administrado, além de ocupar espaço físico considerável e caro, ainda mais se a livraria estiver localizada em um shopping center. Existe, ainda, a questão da facilidade. Se estou a fim de adquirir um livro, dificilmente vou sair de casa e me dirigir a uma livraria só para isso, já que o custo e o tempo desse deslocamento podem não compensar. Os títulos ofertados pelas livrarias são daqueles livros que vendem bem e de alguns poucos que esperam vender, mesmo que poucas unidades, o que é compreensível. Nas gôndolas, os principais títulos — aqueles de boa vendagem — têm a capa virada para o leitor, enquanto os demais são colocados em uma prateleira que, somente, com muita boa vontade e persistência você vai encontrar, já que vê apenas as lombadas deles. Pior ainda é quando estão no nível mais baixo da prateleira. O atendente, não raro, está ocupado, e o que deveria ser um prazer torna-se irritante e enfadonho. Se você quiser um título de um livro e esse não for bom de vendas, não o encontrará, muito provavelmente. As livrarias precisariam ter se modernizado nessa questão de organização, com sistemas que indicassem o local exato onde estaria o livro. Para muitas, é tarde para qualquer modernização, pois cerraram suas portas.

Quantos comprariam um livro sobre o comportamento do acasalamento de um pequeno peixe que vive em uma microrregião de uma ilha da Polinésia? Ora, nenhuma livraria vai dispor desse livro. Mas pode ser que um ou dois habitantes do planeta se interessem por esse livro. A Amazon se deu conta disso e resolveu explorar um mercado infinito de pequenas necessidades e que atinge a qualquer ser humano. O cliente — que é o autor da obra — posta o arquivo do livro pronto no site deles e quase todo o universo de obras está lá disponível. São apresentados na forma de livro digital (e-book) e na forma de livro físico, impresso. Eles imprimem os livros conforme a demanda, ou seja, segundo os pedidos que entram, ainda que seja somente um único livro. Não necessitam de estoque, sendo zero o custo dessa conta. Como o autor, ou a editora, insere os arquivos do livro, já pronto, com capa e revisado, a empresa não tem sequer esse custo de produção de uma obra. Se venderem, pagam um percentual do valor vendido ao autor. É um negócio de logística. Como atendem o mundo todo, os Centros de Distribuição (CD) são gigantescos e utilizam robôs.

As tradicionais livrarias físicas estão se derretendo em suas vendas e finanças. A Amazon tem dados de valor inestimável de uma clientela global e sabe algo, ou muito, a respeito do comportamento de seu consumidor. Está tudo no Bigdata deles. O valor disso é incalculável. Após a compra de um livro, você começa a receber sugestões de livros que podem lhe interessar. A frequência de suas compras (sazonalidade) ajuda a Amazon a monitorar as ofertas personalizadas aos seus clientes. Essa empresa não é a única com este modelo de negócios online e aqui tratamos apenas de livros, mas vale para tudo aquilo que consumimos. Cada vez menos veremos livrarias físicas. Talvez a saída seja um espaço mais reduzido e que explore a maneira como o leitor fica satisfeito com a experiência da loja em questão. É preciso entender a mente do leitor. No mercado físico, sobreviveram aqueles que devem ter mudado bastante o modelo de seus negócios, casando venda online e presencial, ofertando mix de produtos, espaço agradável de leitura, cafezinho, wi-fi e até benefícios por fidelização. Transformaram a velha livraria que nada oferecia além de livros. As que não mudaram, morreram, principalmente aquelas com espaços caríssimos em shopping centers.

É muito fácil mudar para ter acesso a essas facilidades. Basta se inscrever em algum site de uma dessas empresas que vendem livros online e pronto. Você pesquisa um livro e poderá comprá-lo na forma de e-book — um modo que é, inclusive, mais barato de aquisição —, ou, se o preferir, na forma de livro físico. Aproveite para ler bastante. O sortimento conta com milhões de opções. Descobri uma forma de melhorar e praticar meu conhecimento da língua inglesa e ler ao mesmo tempo: compro o livro físico, forma que mais aprecio, e um audiobook da mesma obra. Aí fica perfeito para mim. Coloco o fone de ouvido, conectado ao smartphone, e passo a escutar, na voz de um profissional de locução, acompanhando a leitura no livro de papel que me foi entregue no meu domicílio. Mas essa é apenas uma das formas de se distinguir pelo conhecimento, em relação aos acomodados, que não se dedicam à leitura. Profissionalmente, faz diferença. Por isso, fica mais essa recomendação, que une o útil ao agradável e nos eleva a outro patamar. Alguns desses livros, que cito como referências, foram lidos dessa forma. Bem, até o vovô do João aderiu a esta modalidade.

AS GERAÇÕES

Estudiosos têm se debruçado para interpretar as diferenças culturais, comportamentais e de visão de mundo que as gerações mais recentes, aquelas desde meados do século passado, vêm apresentando. É justamente para compreender a questão dessas mudanças, que discussões como esta tem sido tão frequentes de umas décadas passadas para cá. Como imaginar a forma com que as próximas gerações vão encarar o mundo é um exercício laborioso, pois foge ao meramente racional. A literatura classifica as gerações por faixas de tempo, de acordo com a época de nascimento. Claro está que essa tipificação pode não ter uma precisão matemática, mas, na média, ajuda a entender o pensamento das respectivas gerações, sendo o ano de nascimento o referencial para agrupá-las. A primeira é a dos **veteranos**, nascidos entre 1920 e 1940, que pelo tempo que faz, pouco é citada. Esse nome tem relação com as duas Grandes Guerras Mundiais. Todos já estão com pelo menos 80 anos de idade, logo não se constituem mais em um grupo tão numeroso.

Há que se levar em conta as particularidades culturais, econômicas, religiosas e de outras características entre os diversos países para comparar gerações de diferentes locais, dentro de uma mesma época. O acesso à tecnologia pode chegar em momentos diferentes a cada uma das regiões da Terra. Nos dias atuais, a tecnologia de telefonia digital 5G existe para alguns poucos, apenas. Essa defasagem tecnológica, à qual as distintas populações estão sujeitas, vem ocorrendo por décadas. O poder econômico de um povo provoca hábitos de consumo que não coincidem com os de outras regiões, para uma mesma época. A riqueza e o desenvolvimento tecnológico andam de mãos dadas. Internet e telefonia móvel ilustram este ponto. A particularidade descrita faz com que o período referido na classificação de uma determinada geração tenda a apresentar variações entre distintas regiões. O ordenamento das gerações pelo ano de nascimento, de acordo com Meier (2017), para as populações norte-americana e brasileira, diferem, portanto. Para a população norte-americana tão difundida temos:

- Babyboomers (1945 a 1964);
- Geração X (1965 a 1979);

- Geração Y ou Millenials (1980 a 1994);
- Geração Z (1995 até 2010).

Ainda segundo o estudo citado pelo mesmo autor, a população brasileira pode ter um lapso médio de cerca de cinco anos, quando comparada aos EUA, conforme segue:

- Babyboomers (1945 a 1964);
- Geração X (1965 a 1984);
- Geração Y ou Millenials (1985 a 1999);
- Geração Z (2000 até 2010).

Pela minha idade, convivo com uma mãe da geração Veterana; eu, vários integrantes da família e vários amigos somos Babyboomers; já os meus filhos pertencem à geração X, segundo a classificação proposta para os brasileiros; uma neta é da Geração Z e outras duas, com cinco e seis anos, respectivamente, são da **geração Alpha** (nascidas após 2010). Não que a questão me torne um expert nesse quesito, longe disso, mas viver próximo a essas gerações tão diferentes, em seus aspectos culturais e comportamentais, favorece-me um pouco para opinar a respeito.

Uma curiosidade vem da origem do nome **Babyboomers**. No fim da Segunda Grande Guerra Mundial, muitos soldados voltaram as suas casas e houve, no período, um "boom" de nascimento de bebês, daí o nome dessa geração.Ela se caracteriza por um grande medo dos conflitos armados entre países e, consequentemente, é muito dedicada à valorização da família e do trabalho, geralmente, com uma longa carreira em um mesmo emprego. Várias empresas foram fundadas por Babyboomers, uma geração que também se destaca por haver empreendido muito. As experiências a que uma geração é submetida colaboraram para forjar seu jeito de ser. Contribuiu para esta característica da geração a passagem por inúmeras crises em sua existência. Os mísseis cubanos em 1962; o assassinato de John Kennedy em 1963; a guerra do Vietnã; a Guerra dos Seis Dias de Israel em 1967; a Guerra Fria entre norte-americanos e soviéticos; e um sem número de outros eventos mundo afora marcaram a ferro essa geração. Foram alguns dos momentos mais estressantes havidos sobre uma mesma geração. A educação das famílias era menos tradicional do que aquela dos Veteranos, porém mais do que as posteriores.

Os anos de 1960 marcaram uma época. Vale a pena recuperar um pouco dos acontecimentos daquela década. Em 1964, o pastor e ativista político, Martin Luther King, por sua incansável luta contra a discriminação racial, foi agraciado com o Prêmio Nobel da Paz. Em abril de 1968, ele foi assassinado. Era uma época efervescente. No mesmo ano houve a revolta dos estudantes em Paris, com repercussões internacionais, as quais ajudaram a catalisar movimentos revolucionários da época, inconformados com a influência norte-americana, sobretudo na América Latina, e que estavam inspirados no mundo comunista de então. Um movimento que já vinha desde os anos de 1950, consolidou-se por suas características de contracultura, opondo-se ao status quo do meio de vida norte-americano. Eram os hippies e a forma de externar seus ideais se dava por chocar a sociedade tradicional de então, com suas vestes, sexo, drogas e o gênero de música Rock n' Roll. Os adeptos eram majoritariamente jovens que se opunham à Guerra Fria e, consequentemente, ao conflito no Vietnã. O movimento foi marcado por um dos maiores eventos musicais da história, o Festival de Rock Woodstock, nos EUA, em 1969. Foi a época mais contestadora do século passado. "Paz e amor" era o slogan corrente, o qual sintetizava a forma de pensar dos Babyboomers.

A **geração X**, aquela dos primeiros computadores pessoais, nasceu em um período de constantes ameaças entre as superpotências e seus núcleos de países alinhados, como os da OTAN e aqueles liderados pelos russos, com a URSS. Os países da Europa Central e Oriental formavam aquilo que se denominava Cortina de Ferro. Deixavam a Europa Ocidental em constante ameaça e, simultaneamente, a Rússia protegida por essa barreira territorial e bem reforçada militarmente. O primeiro bloco representava o capitalismo e, o segundo, os países ditos comunistas. Talvez fosse melhor denominá-los de socialistas, fase esta que antecede o comunismo, mas essa é outra daquelas discussões sem fim. O fato é que a URSS era formada por países com regimes autoritários, o que importa de fato, independentemente da nomenclatura usada para classificar seus respectivos regimes. A OTAN foi criada no pós-guerra para proteger a Europa contra uma eventual invasão dos países liderados pelos russos. Para se contrapor à OTAN, a URSS criou um grupo de países que assinaram o Pacto de Varsóvia, na Polônia, em 1955. Era a época da "Guerra Fria". O temor de um conflito nuclear de graves proporções era latente na sociedade, para ambas as organizações.

Já a **geração Y** nasce em uma época mais voltada para o próprio prazer e em tempos melhores do que as gerações anteriores. As facilidades da vida, em comparação, são notórias. A tecnologia ao alcance das massas começa a dar as caras. A relatividade entre o sucesso do modelo capitalista norte-americano e o fracasso econômico do bloco comunista, ou socialista, em oposição ao primeiro, favoreceu a liberdade de pensamento e a livre iniciativa. A geração Y, ou Millenials, assim como parte da geração X, cria seus filhos de uma maneira diferente das gerações que as antecederam. O homem divide com a mulher as funções da lida doméstica, inclusive compartilhando as tarefas de educar suas crianças. Em parte, pode ser explicado por que a mulher Millenial se dedicou aos estudos e buscou uma carreira profissional, libertando-se das funções e da sina de donas de casa que as caracterizavam até então. Essa geração começou a viver uma transformação tecnológica, com inúmeras inovações que marcaram seu tempo. Foi agraciada com o livre acesso à internet. Contudo, a geração Y enfrenta uma competição ferrenha pelos melhores empregos e, para se qualificar, precisou estudar muito. Já não mantém consigo o sentimento de ter um emprego duradouro, aquele da sua vida, pois está em luta pelas melhores oportunidades.

Veio então a **geração Z**, nascida na primeira década do presente século, à época de enormes transformações tecnológicas. Caracteriza-se por zapear e ouvir músicas em arquivos mp3. Inúmeras inovações disruptivas se deram nesse período. Ainda é cedo para registros conclusivos a seu respeito. O fato é que são ainda mais amigáveis com o modo de lidar com os smartphones, redes sociais e outros dispositivos digitais do que as gerações que a antecedem.

Vale ressaltar que não são somente essas gerações mais recentes que possuem capacidade de operar com informática. Engana-se quem pensa que os Babyboomers não têm capacidade intelectual para lidar com aplicativos de programas de computação. Não se pode esquecer de quem inventou os computadores pessoais e as linguagens de programações que ainda hoje servem de base para as novas formas de escrever um programa. Convém recordar também que foram os Babyboomers que idealizaram a maior parte da base de desenvolvimento da tecnologia que hoje desfrutamos. Algo, também, com participação importante da geração X. O que seria do mundo sem os Babyboomers Bill Gates e Steve Jobs, dentre incontáveis outros de alta significação para o progresso da informática? Mesmo eles colheram frutos das gerações anteriores.

No capítulo das transformações que mudaram a humanidade, descrevemos alguns dos principais acontecimentos com repercussão na história do homem. Devemos tudo ao somatório de gerações de um passado distante até as gerações atuais, tratadas neste capítulo. Não houve uma geração melhor do que outra, mas sim uma evolução. Não é uma questão de inteligência. O que importa é o meio em que se está inserido, insisto. Penso que a geração Z estará muito mais conectada ao mundo digital que chegará, cada vez mais forte, do que qualquer outra geração. Parece óbvia esta afirmação. Mas há alternativa às gerações mais velhas? Sim, elas podem se adaptar, e a maneira de fazer esta ambientação é pela prática de uso. Experimentar, pedir ajuda, tentar mais e mais, usar os principais aplicativos, amplamente difundidos, pode ser a solução. É fundamental manter-se conectado e atento às inovações. Tutoriais e webinars disponibilizados na internet podem ser poderosos instrumentos de aprendizado. Muito do oferecido é grátis. É bom e desafiante experimentar o novo.

Tenho a convicção de que a **geração Alpha** — esta que tem no máximo 11 anos de vida e desconhece o mundo analógico — será a mais diferente de todas. Já nasceram com um chip incorporado, metaforicamente falando. O ambiente delas é todo conectado digitalmente. As crianças não estranham um smartphone, nem os controles de TV. Agem instintiva e naturalmente, pois é o seu mundo. Agora, se você pedir a uma delas para construir um carrinho de madeira, com rolimãs, sem poder pesquisar algum tutorial na internet, dispondo tão somente de ferramentas bem simples, provavelmente não saberão construir o brinquedo. Ninguém do convívio delas tem essa vivência, ou exemplos para seu aprendizado. Naturalmente, elas não fazem aquilo que nunca aprenderam e que não é intuitivo como uma tela de um aparelho digital qualquer. O meio em que se vive molda as pessoas e justifica as diferenças entre as gerações. Não há como saber a forma como a Alpha vai influenciar o mundo em breve. Menos ainda, como serão os filhos dessas crianças.

Esses pequeninos, já nascidos em um mundo altamente tecnológico, terão um futuro extremamente digitalizado, com tudo conectado e com a "Internet das Coisas" mantendo linha direta entre todos os dispositivos elétricos e eletrônicos e mesmo com as outras pessoas, algo ainda desconhecido e impensável atualmente. A Inteligência Artificial estará fortemente impregnada nos mais diferentes setores, com inúmeras aplicações, as quais facilitarão a vida dos seres humanos, pelo menos daqueles com acesso às inovações. Os veículos autônomos circularão livremente e essa geração não mais fará carteira de motorista. Por que fariam, não é mesmo? Nem tudo será um mar de rosas. O passado nos ensina a lição. A questão de renda para os futuros adultos deste grupo pode se tornar um desafio gigantesco. A geração Alpha já convive com famílias menores, talvez sendo filhos únicos ou com um irmão apenas. Pelo menos nas classes alta e média, majoritariamente.

Supõe-se que essa geração vá valorizar mais o bem-estar, os serviços que agregam algum valor extra pela experimentação, do que, simplesmente, entrar em uma loja, escolher e pagar pelo que se deseja. Observa-se que tal comportamento já vem acontecendo com as últimas gerações, mas tende a se tornar predominante na geração Alpha, a qual cresce diante de uma revolução tecnológica com estímulos onipresentes em suas vidas, o que a leva a desenvolver uma capacidade superior para lidar com elas. Talvez, na comparação com gerações anteriores, venham a perder algumas habilidades e a adquirir outras. É cedo para desenhar por completo quais as características que melhor possam descrever essa geração. Talvez ela venha a desenvolver mais a inteligência do que aquelas que a precederam, principalmente se levarmos em conta a interação com a inteligência artificial, a robótica, a biomecânica... Serão seres com superpoderes? É cedo para afirmar, mas não para conjecturar. É algo novo que se mostra presente em algumas discussões de especialistas, cuja resposta só o tempo dirá. O que se pode concluir é que cada uma das últimas gerações tem suas particularidades. Uma não é melhor do que a outra, nem pior. São diferentes, apenas isso. O meio ambiente em que estão inseridas é que vai moldar estas pessoas. É de se esperar que elas se saias melhor para lidar com as questões das novas tecnologias. A habilidade lógica pode estar incorporada a essa geração mais jovem. Para um Alpha cabe um esforço menor para interagir com o novo, enfrentando sem medo as inovações que os alcançam por todos os lados.

Vale a pena refletir sobre o que podemos chamar de uma "**nova geração**" que está surgindo, cujas características não se enquadram naquelas já citadas. Destaca-se como um grupo especial, formado por **idosos** e **superidosos**. Hoje, minoritariamente formada por Veteranos e majoritariamente por Babyboomers, essa nova geração vem quebrando paradigmas comportamentais e de consumo. Em boa parte, os idosos de hoje diferem dos antigos, pois se aproveitam dos benefícios que a Medicina atual oferece e tratam de se manter ativos, social e fisicamente. Raras eram aquelas pessoas que chegavam acima de 60 anos, há meio século. Isso mudou muito. O estereótipo do idoso com debilidade senil, de alguém incapaz, física e mentalmente, não deve mais ser aplicado. Apenas uma parte deles, por questões de saúde, encaixam-se nesse perfil. É certo e natural que a idade cobre um preço, sobretudo em relação aos aspectos físicos.

Em geral, pode-se dizer que um idoso sadio — tipo que abordo aqui — torna-se mais lento, enrugado, com pouco cabelo, que inclusive já se tornou branco, mas isso não o impede de cultivar amigos em sua rede social, da qual faz uso regular, surpreendendo muita gente. Conheço alguns que conversam mais com os familiares agora, com os recursos da tecnologia digital, do que costumavam fazer antes, de forma presencial. Exercitam-se fisicamente e realizam atividades intelectuais, como a leitura. Aliás, as cirurgias de cataratas se tornaram simples e amplamente aplicadas, principalmente em idosos, graças aos avanços técnicos nesta área da medicina. A qualidade de vida dessas pessoas, com todas as implicações que uma boa visão traz, representou um ganho valioso. Idosos costumam fazer suas caminhadas e ginástica, mesmo que seja com um educador físico. Valorizam a saúde, logo, valorizam a vida.

Além disso, o idoso é um manancial de vivência, cujas experiências de erros e acertos podem agregar um elemento de assertividade com alto valor dentro das organizações. Um conselheiro experiente ajuda muito a qualquer governança, ainda mais quando houver uma mescla com outros conselheiros mais jovens, igualmente importantes no processo de decisões estratégicas. O idoso não perde a capacidade intelectual da forma que a maioria imagina. Estudos modernos romperam com esse mito.[IV] O número de neurônios não diminui com a idade, como se acreditava até recentemente. O avanço das tecnologias de imagens, como a tomografia e a ressonância magnética, foram contundentes em vários estudos feitos nessa última década, ainda que a questão da memória não esteja completamente entendida. Parece ser natural perder parte da memória em um idoso. Mas como explicar isso se os neurônios ou as conexões neurais não diminuem?

Uma das teses é que, quanto maior a idade, maior o número de informações armazenadas no cérebro. Para buscar uma informação em um local tão lotado, nosso drive humano (cérebro) demora um pouco mais e nem sempre encontra aquilo que busca facilmente. Sabe-se que uma pessoa com 50 anos tende a ter três vezes mais dados do que outra com metade de sua idade. Vejo aí outra vantagem competitiva, a de ter mais conteúdo em sua mente do que um jovem. Schneider e Irigaray (2008)[V] abordam o envelhecimento da atualidade, em seus aspectos cronológicos, biológicos, psicológicos e sociais. Os autores ressaltam que, em certas sociedades orientais, a cultura não relaciona a velhice à deterioração de ideias e de perdas. Esse é um fenômeno mais do mundo ocidental. Em tempos de enorme evolução da tecnologia digital, campo fértil e fácil para os jovens, é natural que as pessoas idosas, todas criadas em um mundo analógico, tenham carências e deficiências para absorver bem essas tecnologias. No entanto, cada vez mais assistimos idosos usando eficazmente os novos recursos digitais.

Recentemente, uma cooperativa de crédito do sul do Brasil fez uma pesquisa interativa, durante um webinar com pessoas do segmento agro, geralmente formado por pequenos produtores rurais. A adesão ao aplicativo foi surpreendente e superou qualquer expectativa, mostrando que mesmo em pequenas comunidades rurais as pessoas se utilizam dos recursos de internet em seus smartphones. Não existe mais isso de se achar que tal público não acessa a internet, majoritariamente. Da mesma forma, o idoso, esteja onde estiver, pouco ou muito, está interagindo com as mídias sociais. Não raro, ele o faz com ajuda de familiares ou de terceiros, mais afeitos às modernas tecnologias de conectividade, mas o faz. Uns lidam com esses avanços com bastante dificuldade, enquanto outros transitam por eles como qualquer jovem. Para aqueles que até agora sentem-se amedrontados o suficiente para não querer aprender e lidar com aquilo que a tecnologia recente vem proporcionando, temo que ficarão à margem dos benefícios e até do mercado de trabalho. Reforçam o estereótipo que a sociedade, injustamente, tem dessa faixa etária elevada.

Do ponto de vista do consumo, os idosos e superidosos consomem mais remédios, vão mais aos consultórios médicos e hospitais do que os mais jovens, geralmente. O turismo é uma das predileções do grupo. Os profissionais de marketing já começaram a se dar conta do potencial de consumo desta geração especial. É um tipo de consumidor importante para a economia de qualquer país. A visão de que suas aposentadorias representam um grande entrave para os cofres da previdência pública precisa ser revista, pois é fato que há um custo social alto para manter tantos aposentados, mas eles movimentam a economia com seu consumo, gerando impostos. Há, portanto, uma certa contrapartida, que, por conveniência dos governos, é pouco citada.

Ao contrário do Brasil, na Europa e nos EUA é comum vermos idosos trabalhando. O Walmart é um grande empregador de pessoas desse grupo, o que já pude testemunhar algumas vezes. Mas não ocorre só nesta empresa, é algo corriqueiro no comércio varejista norte-americano. No Brasil, por outro lado, o preconceito é enorme. A maioria das empresas não emprega profissionais com mais de 50 anos. Alguém com mais de 60, então, nem pensar. Raros são os casos de empresas que pensam e agem ao contrário da maioria. Felizmente, elas existem e, aos poucos, essa procura vai aumentando, para que se tenha um mix de idades e de complementariedade de conhecimento. O incrível é que muitas empresas que desprezam os idosos, em caso de contratações, costumam pregar que respeitam a diversidade. Negam a obviedade.

No fundo é uma hipocrisia, pois divulgam em seus sites uma coisa e praticam outra. Basta entrar em alguma delas, dar uma observada e se chega, facilmente, a essa conclusão. Creio que estão desperdiçando uma forma de aproximar a empresa de um público cada vez maior, que gera um consumo importante para a economia. Um idoso compreenderá melhor esse público específico do que um jovem. As dores são as mesmas e as necessidades são comuns entre eles. Por que não colocar alguém no atendimento ao público que possa entrar em sintonia com este nicho de mercado? Um dia, os líderes desse tipo de organização também chegarão a uma idade avançada, assim como seus principais gestores e acionistas. Será que não se dão conta disso? A questão é oportunizar vagas para idosos, com critérios bem definidos de capacidades naquilo que eles são mais aptos a agregar às organizações, respeitando suas características.

O grupo de superidosos, aquele a partir dos 90 anos de idade, já soma quase 800 mil brasileiros. Juntamente com os octogenários, representam o grupo etário que mais cresce no Brasil.[vi] Na metade do século, estima-se que a população de 90 anos ou mais alcance um número impressionante de 3,5 milhões de pessoas. Muitos dos que hoje têm 60 anos farão parte desse seleto grupo de pessoas. Se você é idoso, negue-se a atender aos que lhe chamam de velho, pois este termo tem uma conotação de superado e descartável, algo que você absolutamente não é.

Se fizer parte deste grupo, que tal usar todo seu conhecimento e experiência para trabalhar, mesmo que com uma jornada bem reduzida? Quem sabe um trabalho de ajuda humanitária? Áreas de aconselhamento familiar e trabalho voluntário em apoio às pessoas carentes representam um bom potencial para que seu conhecimento seja aplicado. O varejo é um mercado de trabalho a ser ocupado também por atendentes idosos. Entretanto, de forma geral, os empreendedores ainda não se deram conta disso. Quem melhor do que um idoso para ser o interlocutor de um público de mesma idade?

O BULLYING E A INTOLERÂNCIA

O mundo, logo ali adiante, poderá ser muito melhor do que o atual, desde que o homem esteja apto a aproveitar tudo aquilo de bom que estará disponível. Para as gerações mais velhas, o aprendizado da lida com o mundo digital parece ser mais lento, não tão espontâneo, nem intuitivo, como para os mais jovens. Contudo, cada vez mais, percebe-se que qualquer um, independentemente da idade, pode aprender a usar um smartphone, a operar com pagamentos eletrônicos online, fazer compras pela internet e tantas outras aplicações simples do mundo digital. Algo que atrapalha um idoso para interagir neste mundo de transformações é o medo de fazer algo errado e a vergonha que sente por tal situação. Ele é tomado pelo temor de teclar um comando que não entende e quebrar o aparelho; e, aí nem tenta. Basta um olhar suspeito para que o idoso pare com qualquer iniciativa. O temor de um deboche se caracteriza como um processo de constrangimento aniquilador.

Se você tem dificuldade para lidar com os equipamentos que a tecnologia dispõe, peça ajuda para alguém que saiba, geralmente os mais jovens. Diga para terem paciência e lhe ensinarem apenas o necessário para que possa usar os recursos. Quase sempre o problema tem origem na falta de prática de quem não teve a inserção, passo a passo, no mundo digital, não de inépcia. Se você for jovem, tendo uma oportunidade de ensinar alguém, sentirá um prazer por ser útil e fazer uma boa ação. Reflita que um dia você também será idoso e talvez venha a precisar de um pequeno apoio de alguém que sequer nasceu. O certo é que novas habilidades serão necessárias, as quais não podemos sequer antever como serão. Aquele em desvantagem quanto a familiaridade com as novas tecnologias deve conservar a dignidade, não se deixando esmorecer. Agir com prudência se aplica no significado de optar pelas formas adequadas para alcançar o almejado.

O grande filósofo grego Aristóteles já tratava a prudência como ação deliberada. Querer é o primeiro passo para o êxito, o segundo é a ação. Os caixas eletrônicos para operações bancárias, como depósitos e saques, costumam dispor de algum atendente para explicar e ajudar quando houver dificuldade na interação com aquelas máquinas dos bancos. Em uma primeira vez, é normal pedir ajuda. Não fique acanhado para pedir ajuda. Depois você, que por acaso esteja no grupo mais familiarizado com o mundo analógico, verá que é perfeitamente capaz de operar aquela máquina por conta própria e se sentirá vitorioso e com orgulho de quem venceu a tecnologia, que no fim das contas foi desenvolvida para ajudar as pessoas. O problema é nunca querer ir a um caixa eletrônico por medo de não aprender a usá-lo. Coragem!

No exemplo acima ilustrado, em que a pessoa sente temor pelo erro e, consequentemente, opta por não usar uma máquina, por exemplo um caixa eletrônico de algum banco, não houve explicitamente deboche por parte de alguém. Mas há o bullying implícito, pelo menos na ideia do idoso. Quando houver deboche verbal, reiteradamente, ou mesmo uma agressão física sobre um mesmo indivíduo, temos a caracterização de prática que o Ministério da Educação do Brasil (MEC) trata como bullying.[VII] Essa ação é tipificada como violência psicológica e até física, como a humilhação,[VIII] quando uma vítima sofre sistematicamente este tipo de agressão. Há leis para minimizar esta atitude nas escolas. Todavia, não se pode tolerar que isso aconteça no seio das próprias famílias, onde todos deveriam se ajudar.

Estamos diante de um fenômeno mundial que parece vir desde os primórdios da humanidade. Quantos filmes mostram cenas dessa prática, retratando situações reais do problema? No Japão, a elevada pressão sobre o desempenho escolar dos filhos é cultural. A carga vem desde a escola, dos professores, dos colegas e, o pior, de dentro das próprias famílias das crianças e adolescentes. O índice de suicídio juvenil, por essa razão, tem merecido a atenção das autoridades japonesas já faz um bom tempo. Mas certamente não é algo que acontece só naquele país.

Quando crianças, é comum, entre elas, eleger o mais fraco, o mais estranho, o mais gordo, o mais magro, ou o mais feio, para alvo das zombarias. Caso ela venha a se rebelar, o grupo intensifica a pressão e aquilo dura uma eternidade. Crianças chegam a trocar de escolas para escapar da situação. A prática ocorre em grupos, ou por parte do mais forte, como o irmão mais velho sobre os menores. Não se vê a turma de uma classe escolar pegar o mais forte e atlético do grupo para alvo dessa prática. Isso remete ao pensamento de que o bullying seja um ato de covardia manifestada. É um fenômeno sociocultural que parece normal para quem o exercita, mas que pode ter desfecho trágico, até em grau de máxima severidade. Talvez uma boa parte de nós já o tenha praticado ou sido alvo dessa violência.

Quando me dou conta da intolerância entre os seres humanos, custo a entender o quão danoso isso tem sido para milhões de pessoas ao longo dos milênios de nossa história. A sociedade moderna deveria ter superado, há muito tempo, as perseguições e discriminações por diferenças de raça, gênero, ideologia, religião, nacionalidade, classe social... Será que esse tipo de problema, espalhado pelos quatro cantos do mundo, seguirá como uma megatendência? Se for o caso, até quando?

Recupero, aqui, um pouco da história que demonstra esse mal. Entre os séculos XI e XIII tivemos as Cruzadas. Eram expedições armadas, com origem em um movimento cristão católico romano, abraçado pela nobreza europeia, com o intuito de reconquistar Jerusalém, tomada por turcos muçulmanos. Esses eram intolerantes em relação aos cristãos, uma vez que a igreja não queria permitir que os turcos, adeptos do islamismo, se apoderassem da região da Palestina. A nobreza europeia queria conquistar novas terras e aumentar seu poder econômico. Não se sabe quantas pessoas morreram, mas as atrocidades foram tamanhas que deixaram uma mancha indelével na civilização europeia e cristã. Ainda hoje extremistas muçulmanos, notadamente de alguns países árabes, nutrem um sentimento contra os cristãos ocidentais, chamando-os de cruzados. Há que atentar, para ser justo, em não generalizar. Assim como minorias muçulmanas desprezam cristãos, o contrário também é verdadeiro. Felizmente, não é um pensamento dominante nas respectivas populações. Aliás, na maioria dos países, a convivência entre diferentes religiões é algo normal. É inegável também que existe um conflito há muito sem solução entre palestinos e judeus, mas menos por religiões e mais por propósitos geopolíticos.

Juntos, o poder e a política mostraram, há um século, na Rússia, que todos que pensassem diferente dos líderes instalados na cúpula do poder deveriam ser eliminados. As atrocidades do ditador comunista soviético Joseph Stalin (1878-1953) levaram à morte de 80 a 100 milhões de pessoas. Esse é o maior genocídio que se tem registro. Adolf Hitler e seu regime nazista perseguiram os judeus, ciganos, homossexuais, deficientes físicos e opositores políticos. Cerca de 6 milhões foram assassinados por aquele regime. A maior parte deles pereceram no período da Segunda Grande Guerra Mundial (1939 a 1945). O antissemitismo na Alemanha já vinha do século XIX e o programa do partido nazista, criado em 1920, já tinha esse viés. Pregavam que judeus não deveriam ser considerados legítimos cidadãos alemães e que eram a causa dos males que a nação sofria.

A intolerância entre povos tem marcas de máxima gravidade na história da civilização humana. Terminado o regime nazista, derrotado pelas forças aliadas, seria de se esperar que tamanha crueldade fosse suficiente para estancar, para sempre, esse tipo de mal. Mas não, o homem muitas vezes se esforça para perseguir grupos diferentes e aniquilar populações. Na segunda metade do século passado, o problema ocorreu na África, com certa frequência. Atualmente ainda vemos ódio entre povos, raças e religiões em diferentes partes do planeta.

Nos anos recentes o mundo se viu diante do problema das imigrações. A guerra na Síria, a instabilidade entre árabes e judeus, e a miséria em alguns países africanos, estariam entre as causas para a procura por entrada em países europeus. A própria situação de pessoas com entrada ilegal em certos países europeus fez com que aqueles governos legalizassem e limitassem as migrações, de acordo com suas regras. O movimento de imigrantes ilegais seguiu, mas atualmente parece estar sob controle. A intolerância contra a imigração tem se manifestado no velho continente. Por outro lado, os próprios imigrantes, muitas vezes, não aderem aos costumes das novas terras e os ânimos ficam aquecidos entre as populações locais e de imigrantes.

Vários países não desenvolvidos fracassam na erradicação da miséria. Costumam se caracterizar por uma má gestão e suas populações, historicamente, não encontram a contrapartida do Estado às suas necessidades elementares. Aliada a todo tipo de problema, há uma corrupção sedimentada no meio das autoridades públicas, nas classes política e empresarial. A população marginalizada, desesperançosa, acha que países com melhor gestão pública e mais ricos devem abrir suas fronteiras para recebê-los. Apegam-se à questão humanitária. Em outras situações, os imigrantes estão em fuga, devido às perseguições étnicas e religiosas por parte de grupos empoderados. Os governos dos países originários dessas populações de imigrantes contam com o movimento de saída de parte de seus povos para aliviar as tensões internas, facilitando o fluxo desses grupos.

Uma vez tendo adentrado nos novos países, há um choque óbvio, de cunho religioso, cultural e étnico, que deixa os imigrantes sem uma integração satisfatória com os cidadãos dos países em que agora estão. Quem já vivia lá, e com seu trabalho ajudou seu país a alcançar um nível de bem-estar social, vê a entrada de outros povos no seu meio como uma perda de conquistas, as quais podem se deteriorar mais, reduzindo as expectativas para seu futuro. Ele se vê pagando para receber e sustentar os imigrantes. O imigrante, a seu turno, sabe que várias nações europeias são o que são devido apenas a um passado distante colonialista, no qual riquezas foram retiradas de outras terras para sustentar e investir em seus países, beneficiando-os por séculos. Cada um com seu ponto de vista argumentado. Está aí uma receita para um grave e duradouro problema, de parte a parte. Não é o caso de uma recordação de um fato histórico longínquo. Isso é recentíssimo. Parece que não aprendemos incontáveis lições.

Outro tipo de intolerância está em voga, a dos extremismos ideológicos. Os ânimos andam acirrados no Brasil e nos EUA, por questões ideológicas. Simpatizantes mais extremados da esquerda e da direita, cada qual entendendo ser a única opção correta e inteligente, têm rompido com amizades e relações familiares como poucas vezes vi. A democracia, regra do jogo na maioria dos países, pode não ser a solução ideal, mas é a mais empregada por todos. Existirá uma solução melhor, que possa ser adotada na prática pela maioria das nações? Não tenho a resposta para tal questão.

Na democracia existem escolhas que geram alternâncias no poder, ora pendendo para um lado, ora para outro, o que estimula, teoricamente, que os governantes se esforcem para prover bons serviços as suas respectivas populações. A primeira coisa que percebo é que os extremos são muito próximos. Claro que eles não aceitam a comparação. Há mais afinidades entre eles do que diferenças. O gosto pela perpetuação no poder, o pouco apreço pela democracia plena, o controle sobre a imprensa, estados autocráticos, nacionalismo estatal, apreço ao nepotismo, o desprezo aos opositores, o uso da propaganda estatal e de promoção do líder...

Alguns exemplos de extremistas de relevância internacional: Benito Mussolini (Itália); Salazar (Portugal); Adolf Hitler (Alemanha); Francisco Franco (Espanha); Josef Stalin (URSS); Mao Tsé-Tung (China); Xi Jinping (China); Kim Jong-un (Coreia do Norte); e Nicolás Maduro (Venezuela). Certamente, algum leitor vai discordar de parte da lista, mas é assim que eu vejo. Interessante que quem se identifica por um dos lados, cita os nomes listados como sendo do lado oposto.

Até mesmo lendo artigos sobre o tema, percebi um certo viés de autores, que se classificam como de direita ou esquerda, de acordo com sua preferência ideológica. Independentemente dessa dificuldade de saber se Hitler, por exemplo, era de direita ou de esquerda, o que importa a mim, é que tanto faz, pois os extremos têm as mesmas características e nada nelas me atrai.

Por meio de uma metáfora, uso a figura de um pedaço de corda. As duas pontas representam a extremas direita e esquerda, respectivamente. Ambas estão equidistantes do centro. Acham que estão o mais distante possível do seu oposto, mas, na verdade, estão muito próximos, praticamente juntos. Basta unir as duas pontas da corda. É natural ter afinidade por pessoas que compartilhem do mesmo ideal, mas ser intolerante com quem não comunga da mesma ideologia é inaceitável, soberbo e doentio. O livre pensamento é um poder do indivíduo que não pode ser retirado. Felizmente, tenho grandes amigos à direita e à esquerda da minha posição central. Convivo bem, respeito a todos e eles me respeitam. É um privilégio.

Lamento acreditar que a intolerância, além de realidade atual, revela-se como outra megatendência que deve perdurar por décadas ou séculos, ainda. Como vencer esse problema? Só vejo um caminho: a educação. A cultura de um povo não pode ser alterada em curto prazo. Gerações são necessárias para alcançar tal intento. Investimentos tremendos são requeridos para educar as crianças, pois reside nelas a maior esperança de um mundo melhor, sem os vícios culturais dos adultos. Educar mais torna o homem melhor e mais feliz.

CORRUPÇÃO – O GRANDE MAL DO SER HUMANO

Ser um vencedor com práticas nada éticas não merece minha admiração. Muitos empresários viram suas empresas crescerem bem além dos concorrentes até que se descobre a prática de suborno na cultura da organização, passo a acreditar que terão meu eterno repúdio a esse tipo de conduta. Ela não pode ser aceita por ninguém.

No Brasil, a prática de corrupção por parte de políticos e grupos empresariais ocupou por um bom tempo as manchetes da mídia, tamanha a sequência de descobertas e de valores envolvidos nessas operações.[ix] A seguir um texto que escrevi em 2012, o qual refletia a minha visão sobre o tema. Posteriormente, vou comentar como vejo a questão brasileira no início de 2020, antes da pandemia da Covid-19. Será que está havendo a mudança necessária em nossa sociedade? Como reagem as ideologias, de lado a lado, e seus sectarismos, bem como os poderes constituídos do país, em relação aos últimos eventos concernentes a essa problemática? Que avanços catalisaram a reação popular? Quais foram os recursos envolvidos? O problema é recorrente? Ele persiste nas oportunidades surgidas pelas urgências em compras de materiais e equipamentos hospitalares durante a pandemia, por parte dos governos em todas as esferas?

"Uma sociedade mais justa, que preserve a meritocracia, não pode comungar com o grande mal, que é a corrupção. Pode ser utópico, mas a metamorfose necessária deve banir, não apenas mitigar este nosso mal, como seres humanos – do húmus (solo fértil) com anima (princípio vital) – que somos, se não tivermos vendido nossa alma, diga-se de passagem. O mundo do homem parece sempre ter tido nele algumas ações que ferem a ética, a regra da boa convivência. Me refiro ao sentido daquilo que uma sociedade, sempre um coletivo, precisa ter para se manter numa ordem prática e aceitável, com princípios estabelecidos e, mais do que isto, para evoluir em direção a um mundo melhor, mais justo e prazeroso, longe do perceber, mas não ver.

Atualmente, até em função da tecnologia das comunicações e de seus efeitos de instantaneidade e abrangência com que a informação alcança o homem, pode haver a impressão de que a corrupção está crescendo a olhos vistos. A consequência mais perniciosa é a sensação de impunidade que impacta aos olhos do indivíduo médio da sociedade, em que pese seu grau de instrução. É grave a acomodação diante de flagrante agressão aos princípios da ética, com a banalização substantiva do problema e a usurpação do direito a uma educação com meritocracia e contestadora, e não naquela claramente imposta no propósito de alienação massiva, na qual os valores morais, éticos e intelectuais, sistemática e intencionalmente, têm sucumbido diante das ações governamentais, pelo menos no Brasil. Sem massa crítica, a manipulação social fica mais palpável aos governantes que buscam a perpetuação do seu poder, mesmo que tecnicamente legitimado. Pobres jovens de hoje, que assistem, passivamente, a escândalos e mais escândalos, já tão consumados no nosso cotidiano, principalmente na política daqueles que nos representam, os quais seriam uma amostra do que nós somos, ou de muitos de nós. Estamos sendo corrompidos pela inércia, sem esboço de reação. O ato ou o efeito de corromper nada mais é do que perverter ou ainda induzir a um ato contrário à ética e ao dever. A corrupção pode ser manifestada no suborno e na perversão, dentre outras formas.

Não temos informações dos milênios de história do homo sapiens, durante toda sua evolução, as quais tratem desta perversidade que nos aflige, a dita corrupção. Ela sobrevive desde sempre, é o que se acredita. A percepção do mal que ela causa à sociedade tem citações em textos antigos, com o simbolismo religioso do pecado ocorrido no paraíso, quando o homem não resistiu à determinada tentação e de lá foi expulso pela autoridade criadora. Mesmo sendo essa uma menção simbólica e nada mais do que isto, sem cunho algum de verdade ou fato histórico, a antiguidade dos textos corrobora para a constatação de que o problema de corromper ou ser corrompido, sempre esteve presente na humanidade. A corrupção que nos vem à mente, em um primeiro momento, dá-se de muitas formas e, comumente, por meio de benefícios impróprios às duas partes envolvidas, o corruptor e o corrompido. Ela pode ser por oferta de valores monetários, bens, poder, informações, favores indevidos...

Lá se vão mais de dois milênios, em que os pensadores gregos tinham notório conhecimento da ética, da política, do mundo e sobretudo buscavam entender o homem enquanto ser. Para Sócrates, a justiça era uma questão de máxima importância e, dentro da dialética grega, preservamos ou deveríamos preservar, ainda hoje, o diálogo. A forma de melhorarmos continuamente como homens poderia ser por meio de uma ferramenta denominada kaizen[1] aplicada à própria trajetória existencial, deixando um húmus mais fértil e o manas imaculado. A injustiça dos males que a corrupção causa é imensurável. Sócrates via a essência do existir, como o amor, o belo e o justo. Subentende-se que os gregos assistiam, por lógica, a falta de amor, ao feio e ao injusto. Talvez esta fosse uma definição adequada do que é corrupção.

O ato de corromper pode se dar no campo das ideias. Daí vem a deliberada alienação das pessoas, ou seja, da sociedade, quer manipulada pela mídia para atender os interesses ideológicos e econômicos, quer pelo discurso religioso, ou ainda pelos governos para se manter no poder, longe das inquietudes das contestações. Malevolente manobra do cotidiano político e religioso nesses tempos. O nosso padrão comportamental, e mais especialmente o do homem brasileiro, é de triste conformidade com

---

1. Kaizen: Melhoria contínua, mudança para melhor (origem: Japão) a problemática. Seria essa a nossa idiossincrasia genética, perfeitamente encaixada na ontologia[2] filosófica? Se for, teria cura? Platão diferenciava o mundo sensível, das ideias e da inteligência, daquele mundo visível, dos seres vivos e da matéria. Quando aceitamos passivamente a corrupção, nossa mente provavelmente já terá sido devassada, tendo perdido o discernimento entre o certo e o errado, entre o bem e o mal, o justo e o injusto, enfim focando a acomodação e mantendo nosso status-quo individual, por temor aos riscos inerentes às mudanças. A corrupção se materializa na vida de muitos.

Se verdadeiramente somos todos nós um só, como uma expressão da mesma energia e sujeitos a mesma lei do fenômeno da epifania[3] na qual o Universo inteligente se mostra, apraz-me ia se acalmássemos a nossa psique, para que passássemos, como sociedade, a idealizar um mundo sem um dos piores malefícios sociais de todos os tempos, a corrupção e a consequente indiferença e tolerância à impunidade.

Rogaria ainda que deixássemos que nossa inteligência racional, emocional e intuitiva nos remetesse à plena consciência de que a nossa participação é absoluta neste Universo, ao mesmo tempo em que ínfima, mas na soma, como sociedade sim. Esta importa acima de tudo. Universo este do qual pertencemos e cuja intenção e desejo está em nós todos como uma lei, onde o esperado é a ética, já que o propósito da existência do Universo é fazer com que nossas vidas aconteçam. Não podemos, pateticamente, assumir a submissão, aceitar o corrupto e sequer nos permitir o corromper. Se assim o fizermos vamos demonstrar nossa pequenez e insignificância, as quais nos deixam presos e voltados com a face à escuridão, como narrado no mito da caverna de Platão. Não fiquemos inoperantes, agarrados à ignorância, tão conveniente aos usurpadores da ética humana, tão comum na política atual desse país e de tantos outros.

Como homens, o que nos preocupa é a imagem que somos uns dos outros, portanto, seríamos réplicas. Exclusivamente assim sendo, o mal se perpetuaria definitivamente. O que nos torna diferentes é justamente a nossa semelhança, pois se somos semelhantes, não somos iguais. Assim, há os bons e os maus. Sejamos diferentes dos corruptos e dos corruptores. Temos a mesma substância de quando nascemos, tendo mudado apenas a forma, mas não nascemos com o "vírus" da corrupção. Como dizia Aristóteles, nós somos aquilo que fazemos repetidamente, não como

---

2. Ontologia: é uma parte da filosofia que estuda a natureza do ser, de sua existência. É um ramo da Metafísica Filosófica. Sua origem vem do prefixo grego "ontos", que significa ser e do sufixo "logia", equivalente a estudos. Daí, ontologia pode ser conceituada como estudo da existência do ser.
3. Epifania: Revelação manifestada com sentimento de profunda realização (sentido filosófico),

> *um modo de agir, mas como um hábito. Entremos em sintonia com a inteligência iluminativa, gerando luz, entendimento e felicidade. Não deixemos ativar a potencialidade aristotélica se manifestar pela corrupção a que o ser humano pode estar sujeito. Impávidos, gritemos não à corrupção, o pior dos males sociais."*

Já em 2020, a leitura do tema poderia ter a seguinte narrativa histórica dos fatos recentes:

Em alguns países latino-americanos, notadamente no Brasil, viu-se uma inesperada reação aos descaminhos morais e éticos que permeavam certas relações político-empresariais. Notícias bombásticas vieram à tona. Líderes da maior envergadura da política tradicional brasileira — não exclusiva de um partido — e de outros países, a bem da verdade, tiveram suas faces de lobo reveladas. Evidenciou-se a corrupção de alguns grandes grupos empresariais que adotavam práticas inescrupulosas para obter contratos vantajosos e vultosos com governos nacionais e estrangeiros e suas estatais. Nada novo na história humana. A iniciativa da investigação partiu de um pequeno grupo do judiciário e pela polícia federal, no caso brasileiro. A população, de uma forma geral, sentiu-se representada e resolveu apoiar estas ações, realizando movimentos sociais de massa sem precedentes. Mais do que isso, ela passou a se manifestar, intensa e apaixonadamente, nas redes sociais, recursos que só os tempos mais modernos puderam propiciar, graças à informática.

As revelações sobre as referidas práticas ilícitas somente se desvendaram por que os profissionais de TI que estavam trabalhando na investigação tiveram recursos para averiguação de contas bancárias, cruzamentos de dados, os quais há bem pouco tempo não seriam possíveis. Esses meios tecnológicos estão acessíveis e materializados aos habilitados, para o bem e para o mal. Os hackers, aqueles que entram nos nossos sistemas e vasculham nossas informações, podem se utilizar de um conhecimento bem desenvolvido na tecnologia da informação para monitorar e roubar dados empresariais da concorrência e de pessoas físicas, como de políticos. Podem fazer uso destas informações e divulgá-las para ganhar notoriedade ou benefício próprio. Mas também há um grupo de hackers éticos, que são contratados por organizações para testar a vulnerabilidade de seus próprios sistemas, a fim de garantir que suas operações estejam bem protegidas. Estes são profissionais valiosos para a segurança dos dados de quem quer que seja, geralmente de grandes bancos, governos, universidades, instituições do poder público em geral... O crime sabe aproveitar talentosos hackers para burlar a segurança das transações bancárias. Eles costumam estar adiante das autoridades investigativas. Mesmo assim, os nossos "hackers do bem", alcançaram uma quantidade de informações bancárias, nacionais e estrangeiras, extraordinárias. Muitas das quais graças aos convênios com departamentos de investigação de crimes financeiros, de outros países, que lidam com lavagem de dinheiro, por exemplo.

Os simpatizantes dos políticos envolvidos, mantiveram-se, em parte, ferrenhos na defesa dos acusados junto aos meios de comunicação. Amizades e relações familiares foram afetadas pelas posições exacerbadas das duas correntes — esquerda e direita. Justo dizer que muitos partidos, das diversas correntes ideológicas, estiveram no banco dos réus pela participação em tais ilicitudes. O espectro ideológico envolvido vem sendo desnudado em todas as suas partes e formas de pensamento. A decepção é geral com as instituições e com os poderes constituídos. Essas forças vêm agindo, casuisticamente, para se protegerem, atuando segundo suas ideologias.

Uma sensação perigosa é a de uma generalização, que não cabe nesse contexto. Há muitos cordeiros ainda, apesar da matilha de lobos ter extrapolado todas as fronteiras imaginadas. As forças do capital provaram ser superiores às ideológicas. Para piorar, a suspeita da população recaiu firmemente sobre as decisões da máxima corte de justiça brasileira, que tem dado a impressão de estar ao lado dos malfeitores, pela visão de boa parte da população, a qual tampouco tem conhecimento jurídico para concluir a respeito de decisões da mais alta instância. O tempo dirá, é o que se espera. Que se consiga separar o joio do trigo, os bons dos maus, os competentes, que galgaram posições pela meritocracia, dos outros, elevados a cargos para os quais não estariam à altura não fossem conchavos e apadrinhamentos.

O resumo disso tudo, que de fato importa aqui, quer gostemos ou não, é ter ciência da mudança comportamental da maioria da população deste país, quebrando uma inércia cultural de tolerância e omissão, graças ao alcance do avanço tecnológico das comunicações. As redes sociais entraram para fazer história. O mundo é outro e nem fomos os primeiros a usar massivamente estes recursos de mídia social. O que podemos esperar daqui para a frente? Qual o papel dessas redes sociais no desenvolvimento social e econômico de uma nação? Quais as implicações que notícias falsas, deliberadamente divulgadas, as chamadas de "Fake News", podem causar, interferindo no comportamento de uma sociedade e mesmo de um país, influenciando em seu rumo? Qual tem sido o comportamento e a convicção dos veículos de comunicação? Estatísticas, dissertações e teses acadêmicas vão retratar bem a questão, mas, sem dúvida alguma, o mundo jamais será o mesmo, aliás, nem parecido com o de anos passados recentes. Como vamos poder aproveitar as oportunidades desta nova era? Aí está o nosso desafio, mais um, na verdade. Quem não acompanhar a mudança sequer poderá divulgar a narrativa histórica de sua vida. Uma pena!

O EMPREGO

Não existe perfeição naquilo que criamos. A Indústria 4.0, que tem trazido tantos benefícios e muito mais se espera dela no futuro próximo, tem seu lado desfavorável quanto ao desemprego gerado, em função da substituição do trabalhador por máquinas de tecnologia avançada. Esse é o maior desafio que a sociedade terá que enfrentar, pois ele traz consigo consequências nefastas, como desajustes familiares, desespero, depressão, violência, falta de sustento à família e risco de caos social, ficando apenas nessas. De certa forma, o problema já aconteceu nas revoluções industriais anteriores, principalmente na primeira e na segunda. O desemprego, é bom frisar, costuma aumentar também em razão de grandes eventos, provocados por crises econômicas, guerra e epidemias. Se acontecer um desses eventos nas primeiras décadas de uma nova revolução industrial, o problema assume contornos indesejáveis e impensáveis. Seu agravamento exige que as lideranças governamentais, políticas e empresariais enfrentem a transformação com criatividade e planos inovadores para aquecer a economia e gerar novos empregos.

Nas primeiras décadas das revoluções industriais havidas, o número de desempregados aumentava. No entanto, com o passar do tempo (décadas), voltava aos níveis normais de antes, pois sempre havia alguém empreendendo uma nova fábrica, comércio ou outro negócio. A população crescia, demandando mais alimentos, energia, infraestrutura e bens de consumo. Era a roda da macroeconomia girando outra vez. Os ciclos econômicos lembram uma onda senoidal, com momentos de alta e de baixa alternadamente. Até a Terceira Revolução Industrial havia carência de produtos e amplo espaço para crescer. Agora, a situação é diferente.

De forma geral, a nossa indústria manufatureira ocidental está enfraquecida e muitas fábricas fecharam ou acabaram na obsolescência, sem conseguir se sustentar. Uma das razões é a falta de competitividade. Perderam espaço para os produtos asiáticos. Para compreender a questão com mais profundidade, há que se examinar as relações macroeconômicas globais. Países, como a China, puseram em prática um ousado plano estratégico de longo prazo para se industrializarem. E o fizeram atraindo empresas estrangeiras com benefícios diversos, sendo a mão de obra barata um dos grandes diferenciais. Adotaram estratégias de atratividade para os grandes fabricantes ocidentais transferirem suas produções para lá. Os chineses, exitosos em seu intento, aprenderam bem e superaram os "professores". Hoje é um país com elevada taxa de inovação e com um número de startups incomparável. Se já dominam o mercado global, no futuro o mundo todo tende a comprar mais ainda da China, salvo uma nova concepção de regramentos de comércio exterior, como já se percebe algumas tentativas em curso, por parte de certas autoridades governamentais de alguns países.

A sede ao pote está destronando os EUA e os demais países ocidentais. Enquanto exportamos commodities à China, eles nos exportam produtos de todos os tipos, desde quinquilharias até veículos, nos quais a alta tecnologia é empregada e há valor agregado de mão de obra. Este foi um erro estratégico crasso do restante dos países, afetando as economias de vários continentes. Nossos empregos foram transferidos para lá, e não voltarão mais. Temos que fazer um mea-culpa, pois também no Brasil, nos idos de 1970 e 1980, usou-se do expediente de pagar salários muito baixos, como no caso das indústrias de calçados, pois o país precisava de moeda forte, e com isso parte significativa da produção calçadista da Espanha descolou-se para o Brasil, que passou a fornecer ao mundo. Por sinal, a Espanha já havia feito o mesmo em relação à Itália. Posteriormente, a China nos deu o troco e, depois, também o fez o Vietnã.

As trocas comerciais mais equilibradas, em termos de valor agregado, deveriam ser pauta das organizações internacionais, mas todas temem alguma iniciativa nesta direção, devido ao poder econômico da China e, com isso, as retaliações poderiam ser amargas. Os chineses estão exercendo seu papel. Traçaram, nas últimas décadas, a melhor estratégia de estado que já se viu nos últimos 30 anos, e vêm colocando em prática seu plano com todo rigor, atingindo uma eficácia invejável. Saíram do ostracismo econômico de poucas décadas passadas, para a segunda maior potência mundial, e logo mais assumirão o primeiro posto. Já são eles quem dão as rédeas no mundo. São amparados por uma dependência econômica que o mundo tem deles e ninguém se atreveria a contestar a China, firmemente, a não ser os EUA, que o vem fazendo, mas cujo resultado é bastante duvidoso. Boa parte das empresas americanas transferiram suas operações industriais para o país asiático, desde o fim do século passado. Em grande parcela, os produtos manufaturados "made in USA" não conseguem competir em preços com os importados chineses. Sem contar com o poderio militar da China, que vem ganhando terreno na geopolítica global, aumentando seu alcance de influência. Os vizinhos, Japão, Rússia e Índia, de modo geral, vinham quietos, pávidos, na verdade.

Devido ao evento da pandemia em 2020, alguns países quebraram essa inércia de passividade diante da China. A Índia, o Japão e os EUA têm se mostrado contestadores dos ditames do Partido Comunista Chinês. As relações entre eles pendem para certo grau de animosidade, como há muito não se via. Cidadãos do mundo todo e alguns governos ficaram indignados com o modo como a China lidou com o coronavírus, escondendo informações que poderiam ter poupado a vida de centenas de milhares de pessoas e evitado o abalo sísmico da economia mundial.

O consumidor de produtos chineses poderá decidir não querer produtos daquele país e entrar na onda do nacionalismo em muitos países, com o "compre de produtores locais". Contudo, não é provável que isso aconteça. Para tal, cada país precisará fortalecer suas próprias empresas, de todos os setores. Uma vez que elas passem a inserir as novas tecnologias às suas atividades operacionais, vão gerar um desemprego marcante. Todavia, se mais empresas forem criadas, novos empregos surgirão. Caberá aos governos criarem políticas de empregabilidade. Se nossas empresas não fizerem a lição de casa, a da transformação para a Indústria 4.0, sucumbirão e teremos que seguir importando cada vez mais da China. O Brasil tem na China seu maior importador. Ainda que seja de commodities, seria impensável e desastroso tratar mal este grande comprador.

As empresas precisam se tornar competitivas, sob pena de fecharem suas portas. O tipo de empregado mais suscetível a perder seu trabalho é aquele de baixa qualificação, que trabalha em linha de montagem, em operações repetitivas e sem grande necessidade de capacidade profissional e nem de formação escolar. Não é que não tenham inteligência para acompanhar a evolução tecnológica, mas lhes será dificílimo devido à falta de preparo e capacitação. Não se pode esquecer que um profissional especialista, que não sabe fazer outra coisa, pode ser pego de surpresa por uma inovação disruptiva e ficar fora do mercado de trabalho. O outro lado da moeda pode ser, igualmente, verdadeiro. Especialistas, quando diferenciados, tendem a ser muito requisitados. Mas há uma dinâmica no mercado e um trabalho tão procurado no momento poderá ser substituído por inovações. Logo, mesmo o especialista precisará estar atento e seguir se atualizando permanentemente.

Os programas sociais das empresas, dos governos e da sociedade organizada, como um todo, devem começar a capacitar esse "exército" de trabalhadores, o quanto antes. Ensino presencial ou a distância, mudança de profissão para novas necessidades advindas das novas tecnologias e intercâmbio entre as empresas, como estágios compartilhados, são algumas das alternativas para garantir um pouco dos postos de trabalho. Novas profissões surgirão e em parte compensarão alguns postos perdidos, mas serão em número insuficiente para abrigar a grande massa de desempregados. Isso já está acontecendo em países como o Brasil. Um simples exemplo reforça a tese: boa parte dos condomínios residenciais das grandes cidades contratavam empresas de serviços de portaria ou de vigilância. Essa conta era muito representativa para o orçamento dos condôminos. A alternativa foi contratar vigilância eletrônica. Com um investimento inicial que se paga em poucos meses, os valores dos condomínios caíram drasticamente, viabilizando a nova forma de vigilância e serviços de portaria. O que aconteceu com as empresas que ofereciam este tipo de serviço? Elas encerraram suas atividades, em sua maioria, ou se reinventaram, em sua minoria. Os porteiros, em boa parte já com mais idade, perderam seus empregos e não encontraram recolocação. Essas vagas deixaram de existir. A tecnologia substituiu o homem. Alguns, mais afeitos aos processos de computação de imagens, bem como instalação desses equipamentos de vigilância — câmeras e alarmes — foram requisitados pelo mercado. Contudo, sempre em número menor do que o dos porteiros que perderam seus postos de trabalho. Novas profissões surgem a todo momento. Hoje não temos, em nenhuma cidade, alguém que faça manutenção de carros autônomos, pois os veículos do tipo sequer estão no mercado. Todavia, futuramente, vamos precisar de técnicos preparados para consertar um robô, um drone, uma máquina industrial conectada à IoT...

Em razão da problemática do desemprego crescente vislumbrado, muito se tem falado sobre uma espécie de renda universal. Algo tipo o programa "bolsa família" que há no Brasil. Mas como aplicar isso a 30, 40 ou 50 milhões de necessitados, só no Brasil? Como imaginar a viabilidade de um programa do tipo para a Índia? De onde sairão os recursos para bancar este programa de longuíssimo prazo? Esta é uma equação sem resposta no presente momento.

As máquinas "conversando" entre elas e se autoprogramando. As tarefas simples e repetitivas nas empresas serão realizadas por robôs, o que não se restringe às indústrias, pois todo o comércio e serviços serão afetados da mesma maneira, por vezes, até com mais intensidade; os automóveis, caminhões e máquinas agrícolas autônomos, os quais dispensam condutores; os drones autônomos fazendo tele-entregas, dispensando um grande contingente de motoboys; serviços de transporte de pessoas com veículos também autônomos servindo, diretamente, aos seus proprietários ou operados pelas empresas de aplicativos de transporte de pessoas e mercadorias; a impressora 3D, que acarreta na diminuição da procura no comércio de uma grande variedade de artigos, principalmente os de injetados plásticos; a robótica doméstica, dispensando a diarista; o EAD, dispensando vários professores e funcionários e tornando os campi universitários verdadeiros "elefantes brancos"; as moedas criptografadas; as fintechs e as transações digitais por aplicativos, revolucionando o sistema bancário, que já vem fechando agências em todas as regiões; os supermercados e lojas de departamentos inteligentes, onde cada artigo tem uma etiqueta de identificação por rádio frequência (RFID), tema tratado com mais detalhes na seção das megatendências tecnológicas, quando aborda a conectividade. Essas tecnologias, conhecidas há bastante tempo, aumenta a eficiência, a eficácia e a organização das empresas, pois substituem os atendentes de caixa registradora e os contadores de estoques em uma loja ou supermercado. Também orientam os robôs na localização e movimentação de produtos em grandes centros de distribuição, substituindo muitos trabalhadores. A realidade de algumas organizações já é essa, como a dos depósitos de armazenamento da Amazon, tão conhecidas do público. Com a tecnologia, o conceito ainda vai se alastrar muito mais, pelo mundo afora.

As máquinas, geralmente, estarão equipadas com o que é de mais moderno, prescindindo de alguns operadores. O que fazer? Ninguém conseguiu visualizar uma saída definitiva em sua bola de cristal. O fato é que vão se abrir oportunidades, como em qualquer crise ou grande evento. A exemplo: a Argentina se manteve neutra na Segunda Grande Guerra Mundial e se tornou um país rico, naquela época, devido as suas exportações de trigo e carne para os países debilitados pela guerra, para os dois lados das forças. Em eventos dramáticos, muitos perdem, alguns ganham.

Os jovens, os desempregados, ou mesmo aqueles que querem partir para outro tipo de emprego, precisarão pensar desde já no que gostam e acreditam ter mais potencial para aprender. Examinadas as opções de profissões que devem ter procura no futuro que se acerca, devem tratar de aprender o máximo sobre as capacidades exigidas para desempenhar essa profissão. Schwab (2017) arrisca citar algumas profissões que terão sérios problemas de trabalho, tais como: advogados, analistas financeiros, médicos clínicos gerais, jornalistas, contadores, corretores de seguros e bibliotecários. Logicamente, ele se refere a uma categoria, mas não a todos do grupo. Boa parte dos advogados, como os trabalhistas ou aqueles que se dedicam a multas de trânsito, ou elaboração de contratos, estão com seus dias contados. A IA fará melhor do que eles e em velocidade incomparável. Contudo, novas demandas para os profissionais de direito surgirão. Como o ser humano não é imune a conflitos, sempre haverá trabalho para a categoria. O jornalista, sem ascensão às mídias sociais, onde cada um pode ter um blog e comentar sobre um assunto, fará coro com os desempregados. A contabilidade empresarial, aquela que realiza lançamentos de débito e crédito e emite relatórios, é uma atividade lógica e segue um procedimento matemático. Um bom programa de informática pode fazer um Balanço Patrimonial e um Demonstrativo de Resultados do Exercício, e demais relatórios, sem o auxílio de um contador. Os próprios funcionários dos diferentes setores das empresas já fazem lançamentos contábeis de cada evento, como o lançamento de uma compra, a movimentação dos estoques, as vendas... Um bom sistema de informática reduz aquelas tradicionais tarefas que predominavam nos escritórios de contabilidade. Aqueles que seguem sem modernizar seus recursos tecnológicos, não têm futuro. Creio que não conseguem mais operar, além de serviços para microempreendedores individuais. Felizmente, existe um grupo de escritórios atuantes, com vários recursos de TI e com a questão de agregar valor aos clientes, com a ferramenta contábil.

Contadores precisarão atuar como consultores de inteligência para as empresas e pessoas físicas, principalmente na área de planejamento tributário e investimentos. Seu papel para agregar valor à gestão das empresas é, e será sempre, de grande relevância. Outras áreas para este profissional seguirão sendo atrativas, porém enfrentarão maior concorrência. As áreas da contabilidade pericial e de auditoria, assim como algumas outras, seguirão firmes, desde que os profissionais estejam capazes de operar com os novos sistemas que surgem e atentos às mudanças de legislação. Não podem se desleixar na atualização constante, como, de resto, nenhuma profissão pode. Aquele grande número de auxiliares de escritórios de contabilidade precisará procurar outros caminhos. A profissão de corretores de seguros já está desparecendo, restando alguns poucos.

Nos EUA, já despontam as *insurtechs*, que são startups de tecnologia aplicadas a seguros. As instituições financeiras operam, elas mesmas, com carteira própria de seguros ou de parceiros. Você já é cliente do banco, então não necessitará de um corretor fora dali. Hoje, você entra em um site de grandes livrarias virtuais e encontra milhões de títulos e em vários idiomas, muitas vezes. Você pode fazer uma "degustação" grátis do livro, adquirir seu livro escolhido na forma de e-book, comprar ele em papel impresso ou em audiobook. É possível fazer sua própria seleção, bastante facilitada pelos sites dessas lojas virtuais e sem precisar que algum bibliotecário o oriente; é cada vez mais simples. A atividade de cartório, em boa parte de suas tarefas, não terá mais razão de ser. O clínico geral, em algumas áreas, já não garante uma boa taxa de assertividade contra a inteligência artificial, tanto que já são usados programas do computador da IBM, com inteligência artificial avançada, o Watson, em hospitais, para diagnósticos de câncer. Várias outras categorias de profissionais da medicina, no modelo atual, estarão sem emprego, como o radiologista que se dedica a interpretar imagens de exames. É fácil presumir outras profissões com procura bem menor neste futuro próximo: bancário, motorista, motoboy, mecânico de automóvel, carteiro...

Se olharmos uma lista de cursos universitários oferecidos, nós mesmos seremos capazes de prever quais terão poucas chances de persistir. Veremos que alguns nem precisariam existir atualmente. E as oportunidades? Na mesma lista de cursos universitários, podemos conjecturar quais aqueles que seguirão com procura. Como fazer esta seleção? Temos que pensar que a máquina vence o homem naquilo que é lógico e se repete frequentemente, bem como em certas atividades, meramente, braçais. Essas devem ser alijadas das nossas opções. Vamos flertar com aquelas que envolvem um grau de cognição, de criatividade e de amor. Uma enfermeira tem mais chance de seguir com seu emprego do que o médico. O trabalho dela, sendo atenciosa, compreensiva, prestativa e com entendimento das diferentes necessidades de cada paciente, tendo cuidados para tratar de suas mazelas, é insubstituível por máquinas. É este profissional que limpa, carrega, conforta, dá comida na boca, passa um pano úmido em sua testa, ajuda no banho, recolhe seus dejetos, controla os índices de pressão, o batimento cardíaco e a temperatura corporal várias vezes ao dia, enfim, realiza todas aquelas atividades que requerem amor, onde a pessoa precisa se doar com atenção e carinho. Não haverá máquina que a substitua, nem médico, já que as atribuições de cada tipo de profissional são diferentes.

Vamos continuar indo ao nosso barbeiro, ou cabeleireiro preferido, que já sabe de cor como gostamos que corte nosso cabelo, e que mantém uma conversa que nos distrai a cada visita que fazemos. Esse profissional seguirá em atividade. Cuidadores de pessoas necessitadas, certamente, serão cada vez mais solicitados, pois a população está envelhecendo, mais do que em outras épocas. Profissões de tecnologias associadas a banco de dados, segurança cibernética, e a artes cênicas seguirão em atividade. Afinal, ninguém vai querer pagar ingresso para assistir um robô encarnando o personagem Hamlet, de William Shakespeare. Pelo menos, espero que não. Músicos sempre existirão, pois a parcela de empregos perdidos para máquinas de som mecânico já se consolidou no mercado há um bom tempo, porém a preferência de uma parcela do público é pela música ao vivo.

Cada um pode encontrar seu caminho, com persistência, muita vontade e determinação. Mas depende das escolhas feitas. Perguntei para um grande músico brasileiro, o flautista e saxofonista Eduardo Neves, como ele estava fazendo para se sustentar nesta época da pandemia, com as casas de shows e bares com música ao vivo proibidos de abrir as portas. Ele tratou de promover seus vídeos na internet e conceder entrevistas em aparições ao vivo nas redes sociais, a fim de aumentar seu público. Desta divulgação de imagem, ele tem conseguido alunos online, inclusive do exterior. É uma forma de compensar a temporária proibição da música ao vivo. Como ele consegue dar aulas de música? Pela simples razão de que conquistou um nome no mercado, assim como pela seriedade e capacidade como instrumentista. É um profissional diferenciado. Toca instrumentos de sopro, mas trata de ampliar seus horizontes musicais com estudos de piano e violão, ainda que, despretensiosamente, como autodidata. Este aprendizado extra lhe confere uma base mais sólida para aprender harmonia musical, o que lhe proporciona uma vantagem competitiva em relação a muitos outros flautistas e saxofonistas, suas especialidades. Ele ganhou desenvoltura em alguns distintos segmentos da música, não se limitando a apenas um. Tem conteúdo em sua fala, outro diferencial na atividade. Eduardo tem a esperança de que haja alguma forma de remunerar o músico em shows ao vivo pelas plataformas digitais de streaming, sem ser pelo patrocínio direto, como fazem alguns artistas famosos hoje. Seria algo como uma fórmula mágica, que ainda não existe ao alcance de qualquer músico. Evidentemente, que ele precisa ter prestígio musical, ou seja, ter o reconhecimento e representar um produto desejado pelo mercado.

As regras do marketing tradicional, que consideram os quatro "P", seguem valendo até neste novo cenário mundial. Neste exemplo, onde está depositada uma esperança do músico, há um problema de remuneração (preço); o alcance do streaming é global (praça); o conteúdo deve atender aos anseios do público em relação a essa arte e, se o profissional puder ser inovador, melhor ainda (produto); e, como último P, temos a promoção.

Outro ponto fundamental resulta na maneira de se posicionar, além dos demais profissionais, para promover seu produto. As ferramentas que impulsionam os conteúdos de mídias digitais estão disponíveis a todos e são por eles conhecidas. Então, um outro P adicional aos tradicionais 4P, é mais uma vez relativo às pessoas. Elas farão a diferença para se sobressair e vencer, logrando se afastar de um oceano vermelho, aquele cheio de sangue dos naufragados e de devorados por famintos tubarões. Outras serão vítimas por não saberem superar as dificuldades advindas dos novos tempos, não se diferenciarem e não concretizarem a reinvenção do seu próprio negócio.

Muito do que funcionava até pouco tempo atrás perdeu o prazo de validade. Atualmente, não anda mais. O mundo mudou e vai mudar muito mais. Temos que estar atentos para as incontáveis vezes que teremos que nos readaptar a essa série de movimentos. Superando tudo isto, você estará em um oceano azul, como bem definem Kim e Mauborgne (2005). Esse é o oceano de quem se atreveu a exercer a transformação. Essas águas representam o ambiente favorável para aquele que queira se empregar ou empreender.

Empresas que não enxergarem o novo contexto socioeconômico mundial, não sobreviverão sem mudar seu modelo de negócios. Talvez venham a definhar aos poucos, até o último suspiro. Levarão consigo os empregos, mais do que importantes, fundamentais na sociedade. Para algumas profissões, vejo que há uma saída. Um advogado de "vara de família" pode ser bem-sucedido, caso estudar sobre tecnologia digital. Ele precisará estar familiarizado com todos os recursos tecnológicos que lhe podem ser úteis. Neste caso, ele se diferenciará de todos aqueles colegas despreparados para esse novo contexto. Imagine que você procure um desses advogados de hoje e exponha que queira fazer uma partilha em criptomoeda. Será que o profissional que você procurou será capaz de atuar nesta questão? Raros seriam, presumo eu. Eis uma oportunidade para esses advogados se transformarem em protagonistas dentro de sua classe. Os clientes vão continuar demandando serviços desses profissionais, pois os conflitos humanos fazem parte do comportamento das pessoas. Os profissionais preparados desfrutarão dos benefícios do oceano azul.

Neste cenário desenhado, como vislumbrar o varejo de agora em diante? Em plena pandemia da Covid-19 todos perceberam o que é uma cadeia de valor. As lojas, grandes ou pequenas, somadas, têm uma representatividade elevada na geração de riquezas de uma nação. São responsáveis por empregar — massivamente, mas não exclusivamente — pessoas de formação mediana e até de baixa escolaridade. Elas fazem uma substancial diferença para a maioria dos municípios. Não há vilarejo algum sem a presença de um armazém, de um mini mercado, uma lojinha de materiais de construção, uma de roupas e calçados, ou um bar. Nas cidades maiores já contamos com redes varejistas, lojas de departamentos, todas com vários funcionários. Este comércio se abastece de indústrias, diretamente, ou de seus centros de distribuição (CD) espalhados pelos países. Uma pequena loja de calçados talvez tenha apenas cinco fornecedores, os quais lançam novos modelos de seus produtos de duas a três vezes ao ano, de acordo com a temporada. Essas indústrias lidam com moda. Produto desatualizado não roda, gerando estoques sem valor. A cada estação do ano apresentam suas coleções de calçados aos lojistas. Cada uma delas conta com uma variedade de combinações de cores, formas e tamanhos. O lojista reforça seus pedidos na numeração que, tradicionalmente, vende mais, aquela que representa a maior concentração de tamanho de pés de seu público.

Uma curiosidade desconhecida por muitos é que a forma média dos pés depende da região. O pé feminino americano médio é mais longo e fino do que o da média brasileira e ambos bem diferentes dos pés dos cidadãos asiáticos. A numeração muda de acordo com o país. Nos EUA, os tamanhos vão em números de meio em meio, no Brasil apenas números inteiros. Esta diversidade de tamanho e forma dos pés chega a ocorrer mesmo dentro das diferentes regiões dos países. No Brasil, a exemplo, a região sul tem forte presença de imigrantes europeus, diferentemente das regiões norte e nordeste. Essa população de origem europeia costuma ter pés maiores do que os das demais regiões brasileiras. A Flórida (EUA) tem forte presença de latinos em sua população, havendo um mix de biotipos naquele estado. Na Califórnia ocorre o mesmo. Imagino que as lojas precisem ter um leque maior de opções para atender aquele mercado. Para uma indústria que vende em todo o país e exporta, os esforços de gerenciamento de estoques, por modelos e por número de pares, é algo sempre crítico.

Quanto de estoque cada loja deve ter? Este é um grande desafio do negócio. Mas o problema se agiganta para o fornecedor dele. A produção de uma fábrica de calçados de produtos de moda não é por pedido sim por produção empurrada (produzem grandes lotes de estoque para colocar no mercado). Eles são obrigados a estimar quais coleções venderão bem e a quantidade vendida delas. Aí entra o componente antes descrito, das diferentes regiões, razão para o aumento da complexidade para a operação da fábrica e do gerenciamento dos estoques de insumos. Essas fábricas compram de outras indústrias, parte em seu território, parte de outros países. Os intermediários, prestadores de serviços, são inúmeros nesta relação entre empresas. Uma loja pequena, em um município afastado das grandes regiões metropolitanas, não tem condições de ser atendida diretamente pelas fábricas, as quais não conseguem atender a pedidos sem uma escala mínima de grandeza. O pequeno negociante fará sua compra de um atacadista. É o caso de um intermediário fundamental na cadeia logística.

Recentemente assisti a um webinar de um empreendedor logístico, contratado por um grande varejista, o qual coloca seus produtos em centros de distribuição. O contrato deste operador pressupõe a retirada dos pedidos de seu cliente-contratante no local onde houver estoque, geralmente nesses CD, para posterior entrega ao cliente final, o consumidor. Tudo em prazos pré-determinados, que devem ser cumpridos. As falhas não devem acontecer, pois ele corre risco de perder seu grande contratante, cujo negócio sustenta a sua atividade. Riscos devem ser mitigados, valorizando a sua equipe, treinando-a bem, capacitando-a e premiando-a, quando o desempenho for bom. Um sistema informatizado, em que o estoque real coincide com o físico é um dos pontos-chave deste tipo de negócio, tanto para o varejista, como para os distribuidores e fabricantes. Disputar sua fatia de consumidor frente à concorrência exige esforço. Vender, igualmente. Pecar no final, já tendo vendido, mas não tendo produto para entregar, é um desastre para o negócio.

A inteligência artificial é uma poderosa ferramenta que grandes empresas já adotam para gerir seus estoques, a questão mais crucial do negócio, depois da venda em si. Aquele empreendedor logístico começou sua empresa há apenas 6 anos e hoje faz 25 mil entregas diárias, sendo responsável direto pela última etapa dos negócios online, a milha final, ou last mile como é mais conhecida. Ele é quem vai levar o produto até a porta do cliente. Dizia esse operador, que a pandemia da Covid-19 fez com que sua área de tecnologia da informação desenvolvesse rapidamente um programa em que o entregador pudesse se manter relativamente afastado do cliente, entregar a mercadoria e solicitar que o cliente registrasse o recebimento. Dispensaria, assim, a assinatura em um papel ou em uma tela de um dispositivo eletrônico, fazendo o registro apenas por voz. A cada entrega, o motorista precisaria acionar seu smartphone e um programa o lembraria de esterilizar as mãos com álcool gel e de colocar a máscara, sempre fornecidos pela empresa. O programa foi implementado com sucesso. Inovações assim fazem a diferença.

Na presente crise, as entregas dessa empresa aumentaram em 25%, ou seja, muito do consumo foi feito em lojas online. Crise para a maioria, oportunidades para outros. É preciso aproveitá-las. Parece simples, mas não é, o que não quer dizer que seja impossível. Uma dificuldade para esta empresa de logística é a distância dos CDs e o tamanho continental de um país como o Brasil, assim como deve ser em vários outros. Para regiões mais distantes, o transporte aéreo era altamente empregado. Com a crise da aviação, pela ausência de passageiros em deslocamento, grande parte das rotas de voos comerciais estão paralisadas em plena pandemia. O operador citado teve que mudar o modal para rodoviário, essencialmente. Nem é preciso dizer que as distâncias enormes a percorrer fazem o tempo de entrega dele — seu lead time — ser maior do que antes. Para compensar, foi preciso aprimorar toda essa movimentação, usando mais recursos de inteligência empresarial, amparada em sistemas altamente conectados com toda sua equipe, fornecedores e clientes.

Este é um exemplo de um empreendedor que começou com quase nada de recursos, mas era altamente capacitado, tendo adquirido experiência em organização empresarial, inclusive por haver trabalhado em uma grande empresa por mais de uma década. Muitas horas diárias de dedicação, sem finais de semana e feriados desconectados do negócio, representam um preço que se paga para ter um negócio desse vulto. Mas, imagino, tem sido compensador. Só o fato do número de empregos que gera, leva consigo uma contribuição social louvável.

Para ilustrar um contraponto a este caso de sucesso do operador logístico, segue um exemplo real que aconteceu comigo: Busquei na internet por uma boa oferta para um eletrodoméstico comum de cozinha. Deparei-me com um mundo de possibilidades em diversos fornecedores. Onde moro, a voltagem da rede elétrica é de 220 Volts. A maioria não tinha disponibilidade do aparelho que atendesse a esse requisito. Encontrei no site de uma grande rede varejista, o modelo para voltagem necessária, a um preço interessante e com o melhor atrativo: entrega em 48 horas. Fiz o pedido, realizei o pagamento integral em uma única vez no cartão de crédito. Recebi um primeiro e-mail de confirmação do pedido mantendo a promessa de entrega em dois dias. Um dia depois, outro e-mail, com a mesma promessa. Dei-me conta que os dois dias viraram três. Passados onze dias do prazo, fiz contato por e-mail e não sabiam me dar a informação sobre a entrega pendente. Pouco depois veio a resposta, via Whatsapp, de que não havia o produto comprado no estoque. Fiquei indignado, pois tanto o anúncio como os dois e-mails recebidos afirmavam que a entrega se daria em dois dias. Pior ainda é que não me comunicaram do problema da falta do produto. Indaguei sobre a previsão de entrega e a resposta foi a pior possível: não temos previsão. Claro que, inconformado com aquela empresa, cancelei meu pedido e pedi a imediata reposição do valor já descontado no meu cartão. O reembolso foi feito após vários dias. Deixei um recado no Whatsapp de que aquela loja precisaria de um sistema melhor para gerenciar seus estoques e compras e de pessoas mais treinadas para manter a informação sempre atualizada e precisa. Aos amigos e familiares, vou dizer qual a rede varejista, pois cliente algum merece tamanha desconsideração. Faltou contar que é brasileira e o fabricante do eletrodoméstico também.

Já faz algum tempo que o hábito do consumidor tem sido direcionado a outro tipo de realização da compra. Ele vai a uma loja, experimenta o produto, anota sua referência, o modelo e vai à internet, onde fica procurando a melhor oferta para aquele produto, para então realizar sua compra online. Há boa chance de ser em outra loja, diferente daquela onde conheceu e testou o produto desejado. Cabe à loja onde o interessado entrou proporcionar uma experiência tão boa que o cliente faça a sua compra ali mesmo, ou pelo site dessa mesma loja. É um verdadeiro pregão online de qualquer coisa que se queira adquirir.

O oposto também acontece. Ocorre a busca da melhor oferta, tudo pela internet e, tendo encontrado aquilo que atende ao desejo do consumidor, ele se dirige à loja escolhida para testar e realizar a compra. Isso, consequentemente, ocasionou um novo modelo de negócios, que alguns empresários vislumbraram para gerar receitas por meio do varejo online. Os maiores exemplos são a norte-americana Amazon.com e a chinesa Alibaba.com. O crescimento vertiginoso dessas duas mega organizações se aproveitou de uma oportunidade, na qual essas empresas desafiaram o modelo reinante de varejo.

O mercado é algo finito, pois a renda das pessoas é, igualmente, finita.[4] Se todos os habitantes do planeta tivessem um celular novo, não haveria mais venda alguma deste equipamento, por um bom tempo. A isso que me refiro com mercado finito. Desse modo, quando um varejista gigante, com seu modelo de negócios voltado para o atendimento online, portanto, sem loja física, realiza recorde seguido de recorde de vendas, alguém perdeu espaço. Pode ser também que a parcela de renda antes destinada a certo tipo de consumo esteja agora direcionada para um determinado produto, o apelo do momento, como o aparelho celular fez há poucos anos.

Precisamente nesta época de 2020 e 2021, o apelo são as tele-entregas de refeições e ranchos. As farmácias não pararam tampouco, apesar de não terem

---

4. Para a riqueza de um país aumentar, ele precisa ter crescimento econômico. Ganhos de produtividade contribuem para o aumento de competitividade, logo, do consumo também, aumentando o PIB.

fechado suas portas em razão das regras impostas para o comércio devido à pandemia. Os grupos de pessoas classificadas como de risco estão sitiados em suas casas e precisam se abastecer de remédios com compras online. Mas não é só de alimentos e de remédios que a população tem se abastecido com as aquisições virtuais. O comércio eletrônico (e-commerce) está mais ativo do que nunca. Produtos para cozinha, vinhos, livros, acessórios para ginástica, instrumentos musicais e tantos outros itens têm movimentado o setor.

As lojas físicas precisarão se reinventar em um piscar de olhos. Os sinais já estavam dados há um bom tempo, mas agora o isolamento corporal provocado pelo temor de ser contaminado pela Covid-19 acelera uma tendência que se esperava somente para os próximos anos. É como se tivéssemos entrado em uma guerra, não contra determinados países, mas contra um ataque terrorista, que sempre nos pega desprevenidos em seus atos destrutivos e mortais. Desconfiamos de todos e isso gera insegurança. É o caso do vírus. Ficando em casa, a internet veio a ser nosso abrigo. Por meio dela nos abastecemos e os negócios online são aqueles que dominam as atuais transações de compra e venda. Alguns empresários mais atentos a este movimento, bem antes do surgimento da atual pandemia, já vinham remodelando seu negócio de físico para o digital.

No sistema financeiro, surgiram novos jogadores (players) que já estão afetando os negócios vigentes até então no segmento, obrigando as instituições tradicionais a reverem seu negócio e criando modelos híbridos. No grande varejo, isso já é uma prática que vem sendo adotada há poucos anos. O varejo tradicional vem perdendo espaço para as redes de negócios online e não estão resistindo a esse novo modelo de negócio disruptivo e inovador.

Segundo a rede de comunicação Fox,[x] o ano de 2020 é o ano do apocalipse do varejo norte-americano, de um problema que já dura por uma década. As lojas físicas de varejo têm fechado centenas ou milhares de unidades nos EUA desde o fortalecimento do comércio eletrônico online. Redes varejistas, tais como Sears, CVS, Forever 21, Bed Bath & Beyond, Barney New York, Kmart, JC Penny e Macy's, vêm enfrentando suas crises de falência, ou de encerramento de grande quantidade de lojas físicas no país; e algumas, como a Pier 1, fechando também no Canadá. Só esta última empresa totaliza 450 lojas fechadas. A Sears e a Kmart totalizam mais de 3 mil lojas fechadas pelo país norte-americano, ao longo dos anos de 2010 e no presente ano de 2020.

Há algumas décadas, quando a rede de supermercados Walmart se instalava em uma pequena cidade, o pequeno comerciante daquela comunidade não resistia e era forçado a encerrar seu negócio. Milhares deles devem ter perdido seus pequenos negócios para a imbatível Walmart. Agora vemos a Amazon[XI] fazendo o mesmo, mas também com os gigantes tradicionais do segmento de varejo norte-americano. A empresa de Jeff Bezos se deu conta do quanto gastava com seus fornecedores logísticos para o last mile, UPS e FedEx, e resolveu então criar sua própria empresa de logística, adquirindo 20 mil vans em 2018 para realizar suas próprias entregas. A política de baixo custo e os inúmeros locais de seus centros de distribuição fortalecem cada vez mais este gigante grupo empresarial.

Olhando um pouco no retrovisor, temos um caso emblemático de uma empresa que teve uma iniciativa inovadora para aproveitar o momento tecnológico do entretenimento, com os filmes em DVD. É a empresa Blockbuster. Ela iniciou como uma locadora de vídeos, com espaço interno atrativo, enorme acervo de filmes e política de promoção de lançamentos. O negócio surgiu em 1985, nos EUA, e alcançou o mundo em seus 34 anos de existência. Eis que surge um concorrente com um negócio disruptivo, a Netflix, com uma proposta de um catálogo e entrega de DVD na casa do cliente, que já não precisava mais se deslocar até uma loja física da Blockbuster. A época de crescimento da tradicional locação de DVD foi interrompida e uma era de declínio do conglomerado de lojas não resistiu.

A evolução da Netflix foi ao ponto em que a conhecemos hoje, que fornece a possibilidade de assistirmos a filmes em casa, não mais pela já enterrada tecnologia do DVD, mas pelo sinal digital em nossos smartphones, tablets, computadores e, principalmente, para serem assistidos sentados à frente de um televisor. O cliente paga por uma assinatura mensal e escolhe o que ver e quando verá. Esse tipo de disrupção afetou as salas de cinemas mundo afora e até mesmo a TV de sinal aberto, fortalecendo a de assinatura. Em mais um lance ousado, a Amazon entra com sua própria operação de serviço, com sua marca Prime, confrontando a concorrente Netflix. Até o momento, as duas estão na arena. Moral da história: seu negócio nunca pode dormir com tranquilidade. A longevidade parece ser cada vez mais rara, durando até um próximo negócio disruptivo surgir e conflitar com o seu.

Por isso, mais uma vez, insisto em recomendar que cada um de nós deve estar sempre atento aos sinais de mudanças no mercado, dedicar um olhar atento para as megatendências e se manter informado o tempo todo. Essas guinadas nos negócios surgem quando menos se espera, mas muitas vezes emitem sinais prévios de alerta. O segredo é captar esses sinais fracos. A essa capacidade, costuma-se chamar de inteligência empresarial, no mundo dos negócios. A ideia é replicável para os indivíduos. Os mais capazes percebem e aproveitam as oportunidades. Você pode estar bem empregado, mas preste atenção se sua empresa não tem fragilidade diante dessas transformações que ocorrem e daquelas que tendem a acontecer em breve. Quem souber se antecipar aos problemas detectados terá mais chance de encontrar uma saída a tempo.

Será que seu empregador está mais suscetível a enfrentar um novo negócio inovador, quem sabe com uma disrupção do modelo vigente para a atividade? Se você acha que sim, procure se qualificar ainda mais para progredir na empresa. Se entender que ela não atende a essa questão, vá empreender ou mudar de ramo. Prepare-se! Uma nova graduação, ou especialização em outra área mais promissora, pode lhe render bons ganhos um pouco adiante. Talvez, pela aceleração desse processo evolutivo do mundo dos negócios, principalmente pelos avanços da tecnologia, você terá que fazer isso mais de uma vez, talvez em vários momentos em sua vida, se ainda for jovem.

Ter a consciência e a maturidade necessárias para aceitar que os desafios são sempre crescentes é um bom começo para superar os obstáculos e ser um vencedor. Uma alternativa, que sempre enalteço, é do empreendedorismo. Junte-se com alguns amigos de boa capacidade profissional e com conhecimentos em diferentes áreas daquelas que você domina e avaliem a criação de um negócio próprio. É importante que os conhecimentos se complementem. Alguém bom de marketing e outro bom na parte operacional, e talvez um terceiro em finanças e administração, configuram um bom ponto de partida para iniciar uma empresa. Avaliem os cenários, os pontos fortes e fracos do negócio, a concorrência, tracem um plano de negócios, incluindo as projeções financeiras. Conversem com outros profissionais, troquem ideias, pesquisem bem antes de iniciar. Se tudo isso for feito, a chance de dar certo é bem maior do que apenas juntar pessoas para constituir uma sociedade, acreditando somente na intuição, mas sem a devida avaliação prévia da viabilidade do negócio. A possibilidade dessa nova empresa ser bem-sucedida depende desse estudo prévio e dos seus sócios. O resto vem com muito trabalho e inteligência empresarial. Aí pode estar uma solução para quem quiser vencer na vida.

Tenho escutado que não devemos desistir de nossos sonhos. Parece quase uma obrigação dizer essa frase, aderida mesmo por pessoas com bom nível intelectual. Muitos entrevistados em programas de TV fazem a mesma citação, como se fosse algo original e novo. Ela é verdadeira, sim, mas exaurida como resposta. Mais e mais do mesmo, cansa. Um sonho pode ser algo intangível, como ser feliz, por exemplo. Mas o que é felicidade? Talvez, ter uma relação amorosa bem-sucedida, ou quem sabe alcançar paz de espírito, pois se sente atormentado pelo que considera insucessos repetidos em seus intentos. Quiçá, uma realização profissional. Novamente, ela pode ser por reconhecimento de sua dedicação de longos anos pela empresa que lhe tem como funcionário. As razões apontadas podem não bastar, sendo que o almejado é uma promoção de cargo, principalmente pela busca do empoderamento. Aliás, esse termo é aplicado a segmentos sociais coletivos, antes de tudo, tal qual o empoderamento das mulheres na sociedade ou dentro das organizações. Decerto seu sonho talvez seja esse mesmo, o de trabalhar para o empoderamento feminino, com palestras, com publicação de artigos e com outras atividades vinculadas a um ativismo para conquistas sociais dessa coletividade. Entretanto, o termo empoderamento também tem sido usado para ilustrar situações de indivíduos. Neste sentido, a busca pelo status de mais poder dentro de uma organização, a ambição de se tornar um empreendedor, ou mesmo a de se tornar um político admirado, somados ao exercício de liderança, pode ser algo cobiçado por você.

Todos esses possíveis desejos lhe satisfariam, até o momento que você passa a almejar algo mais, algo além do já conquistado, ainda que dentro do mesmo sonho. Os objetivos mudam com o passar do tempo. São influenciados pelas nossas relações sociais — família, amigos e colegas de trabalho ou da faculdade

—, mas o que são objetivos sonhados que podemos classificar como tangíveis? São aqueles mensuráveis, como a aquisição de uma casa própria, um veículo, ser aprovado em um exame para entrar em uma universidade ou em um concurso para um cargo público, ser um pesquisador de alguma instituição referencial, ou até mesmo vender parte de sua participação em sua startup. São todos exemplos que podem ter data ou valores definidos, transformados em metas a ser perseguidas, as quais não são nada fáceis de ser conquistadas, mas são possíveis. Isso vai depender do quanto você está capacitado e, principalmente, dedicado. Não raro, pessoas que sonham em passar em um concurso público abrem mão até de seu emprego bem remunerado para se dedicar de um a três anos, exclusivamente, aos estudos preparatórios e imprescindíveis para o êxito dessa vontade. Se ela for sólida como uma rocha, se você for disciplinado como um militar para conduzir seus estudos com o máximo afinco, a probabilidade de atingir seu objetivo é bem plausível.

Os motivos que nos remoem, e conduzem às iniciativas em busca da realização, podem variar muito entre diferentes indivíduos. Há quem queira estar melhor financeiramente para poder desfrutar de certos privilégios para poucos, como viagens internacionais; frequentar restaurantes sofisticados; degustar vinhos destacáveis e caros; ter renda para se dedicar ao seu lazer predileto, como a náutica; ou montar seu estúdio de som, caso seja músico.

Conheci um alto executivo com uma vida profissional plenamente realizada, diria de sucesso mesmo. Mas ele tinha um sonho, o de escalar o Monte Everest. Participar de uma aventura dessas exige saúde impecável, recursos financeiros consideráveis, uma forte e longa preparação física e mental, bem como uma alta dosagem de planejamento, persistência e foco no objetivo. Pois ele, com seus mais de 60 anos, para minha surpresa, postou uma foto nas redes sociais cravando uma bandeirinha norte-americana no cume da mais alta montanha do planeta. Meta alcançada, e não por acaso. Acontecimento possível, sim, mas para poucos. Imagino o esforço dispendido para tal feito. Era algo que faltava para esse executivo se sentir mais completo como pessoa, embora o acontecido não lhe trouxesse nenhum dólar a mais na sua renda. Ter a faculdade de saborear das lembranças de cada passo dado durante essa escalada, das dificuldades advindas da altitude dessa montanha, é algo que ficará perene em sua memória.

Poder pagar cursos de graduação ou especialização em alguma das renomadas instituições de ensino, nacionais ou internacionais, pode se configurar dentre os inúmeros desejos insaciáveis, até então, os quais movem uma pessoa em busca do que tanto quer. Outros se sentem compelidos em poder dar uma vida melhor à família, investindo na educação de seus filhos, o que é algo muito difícil e exige muito de esforço e dedicação. Nada pode valer mais a pena. Apostaria em todos esses como vencedores. Sonhos, em sua maioria, exigem fonte de renda e trabalho. Empregar, ou ser empregado, representam a forma tradicional para poder realizar os sonhos tão desejados.

Há outro grupo que merece destaque: o daquelas pessoas que parecem nada querer, que são conformadas com seu estado presente e não se movimentam em busca de algo que possa lhes prover uma condição melhor de vida, ou de se ver mais satisfeito por alguma conquista de qualquer natureza, mas que tenha um significado maior em sua vida. Vou classificar, sem que isso seja qualquer menosprezo a essas pessoas, como o grupo da letargia. Na verdade, respeito cada um, qualquer que seja sua escolha, mas vejo que elas merecem experimentar o outro lado da vida, sentirem-se mais úteis no meio em que vivem e agregar valor à sociedade, que tanto precisa disso.

Percebo que muitos letárgicos têm um potencial considerável e desperdiçado. Gostaria tanto de ver pessoas mais próximas, inseridas nesse grupo, mudando e vencendo novos desafios, construindo algo novo, levando, desta forma, uma contribuição para a sua comunidade e, por que não, para a própria humanidade. Esse grupo de pessoas, do qual todos nós conhecemos alguns indivíduos que nele se enquadram, caracteriza-se por uma apatia, um conformismo, como se estivessem em um sono profundo, em várias hibernações somadas em sua inércia de deixar assim como está. Não tenho por que mudar, estou me sentindo bem, não preciso competir, nem me exigir muito. Esforço não é meu forte. Seriam estas algumas maneiras de resumir o que pensam e como se portam os integrantes do grupo da letargia. Eles até podem estar certos, mas sigo acreditando que há muito talento não aproveitado neste contexto. Que tal oferecer algo que catalise a reação da mudança para eles? Quando não conhecemos algo em seus pormenores, não valorizamos aquilo.

Um letárgico já pode ter tido algumas experiências que o levaram a esse estado. Se elas foram de fracassos, é bom que saibam que as maiores conquistas da humanidade vieram somente após uma sucessão de tentativas e erros, mas sempre com aprendizado e com melhoria contínua, até que se chegasse onde queria. À época das grandes navegações marítimas, há cinco séculos, os fracassos eram corriqueiros e servem bem para corroborar com esse postulado. Um alto percentual de marinheiros não sobrevivia às jornadas oceânicas. Mesmo assim, vários países se sentiam compelidos a seguir com essas expedições, pois necessitavam de novos acessos a certas regiões fornecedoras de especiarias e conquistar novas terras. Os inventos são exitosos após exaustivos aperfeiçoamentos. Ninguém realiza um invento completo na primeira tentativa. O interessante é que as melhorias não param, mesmo depois de um sucesso comercial do invento. Para aumentar a vida de um produto e mantê-lo na preferência do consumidor, são necessárias inovações incrementais.

Instigo, com este texto, aquele leitor que está desempregado, ou quer melhorar seu status profissional, seja ele o que for. De igual forma, dedico com muito carinho aos empreendedores. Muitos têm talentos que ainda poderão ser bem aproveitados. Mesmo empresas que dispensam funcionários em crises de vendas mantêm aqueles diferenciados. Nenhum empresário que se preze quer perder seus melhores talentos e dar chance para a concorrência os contratar. No YouTube encontramos várias palestras, aulas sobre quase todos os temas imagináveis, desde cálculo integral de matemática avançada até maneiras de se preparar para uma entrevista de emprego. Assuntos técnicos são abundantes e gratuitos, em sua maioria, na grande rede mundial. Também é verdade que tem muito conteúdo fraco, às vezes com erros crassos.

Há poucos dias assisti a um de finanças e o jovem apresentador falou o vídeo todo sobre um indicador, explicando como se calculava. Estava tudo errado. Ele não sabia o conceito do indicador, mas era eloquente, convencendo as pessoas. Nos comentários as pessoas diziam que finalmente haviam entendido o que era aquele indicador. Não quis deixar o youtuber constrangido e por isso não comentei que tudo o que fora dito por ele estava errado, o que eu não tinha dúvidas. Minha orientação é que você selecione o tema que deseja aprender e assista, primeiramente, a vários vídeos curtos, digamos os que têm menos de dez minutos de duração. Tendo assistido a diversos deles, o básico do assunto já estará dominado por você.

Essa fase inicial do aprendizado é essencial para ampliar o conhecimento prévio sobre determinado tema. Algum vídeo com o conteúdo fraco ou errado será percebido por você, que já terá adquirido conhecimento suficiente para, com seu senso crítico, separar o joio do trigo. Em segundo lugar, escolha os vídeos mais longos, aqueles de 20 a 60 minutos, ou mais, eventualmente. Por fim, recomendo que assista a algumas palestras sobre o tema de seu interesse, como as do canal TED.[XII]

A entrevista deste link que forneço ao final deste capítulo, especificamente, é com Elon Musk. Se você quiser entender um pouco a respeito de como uma pessoa pensa sobre o futuro, ou caso deseje aprender o que é persistência e audácia, dedique apenas 41 minutos para essa imperdível entrevista. Elon Musk é um jovem visionário que realiza seus sonhos, os quais nos parecem mirabolantes, para não dizer impossíveis. Quando começou com a Tesla, sua fábrica de carros elétricos nos EUA, muitos zombavam da ideia. No entanto, a Tesla é uma realidade e já vale mais do que a General Motors (GM) e a Volkswagen (VW) juntas.[XIII] Não há mais qualquer fabricante de veículos que não tenha projetos de veículos elétricos em substituição aos motores à combustão, que queimam combustíveis fósseis e poluem a atmosfera. Mais do que veículos elétricos, a Tesla desenvolve veículos autônomos que estão percorrendo todas as rodovias norte-americanas para gerar dados a fim de que esse desafio possa se tornar viável. A Space X está determinada a levar pessoas ao espaço, inclusive para o planeta Marte. Túneis que puxam os trens, graças ao vácuo gerado, devem se tornar realidade em um futuro não tão distante. O projeto se chama Hyperloop.[XIV] Esse grande empreendedor é contemporâneo de todos nós, então eis uma boa fonte de inspiração, de alguém determinado, que acredita em algo, vai a fundo com sua equipe nos projetos e realiza seu sonho.

Dá para se preparar bem, com custo zero, para uma vaga aberta de emprego. Há que se vencer aquela apatia quase mórbida e buscar, com afinco, toda nova grande oportunidade surgida. Os mais persistentes, mais capacitados, mais dedicados, os melhores, todos eles encontrarão um novo caminho, uma nova luz que permita que suas vidas voltem a brilhar. Que esse não seja apenas um lampejo raro, mas algo de concreto, proporcional ao que essas pessoas significam para si mesmas, antes de tudo. Também é importante ressaltar que a coletividade não pode prescindir de tantos valores dispersos, que estão por aí fossilizados pelo tempo, em seu voluntário isolamento. Quando você concretizar seu sonho, depois de muita dedicação, vai sempre haver alguém que consumiu grande parte de sua vida tomando cerveja em um bar e se referir a você como um sujeito de sorte. Se a explicação fosse dada pela sorte, azar de quem não entendeu o processo de como vencer na vida.

Sem medo de errar, eu diria que muitos não sabem como detectar as oportunidades que surgem, ainda mais durante um evento de pandemia, em que a economia sofre um revés extraordinário e o sistema de saúde exige um esforço concentrado para atender a um tipo específico de demanda, anormal, de certa forma. As empresas que possuem uma área de inteligência estão sempre atentas a tudo o que acontece e sabem perceber os pequenos sinais inseridos nos veículos de mídia, em relatórios de entidades de classe, ou governamentais, de bancos, de sindicatos ou de quaisquer outras fontes que nos inundam com matérias.

Como detectar o que não é uma obviedade? Palavras e frases, para a maioria sem maior importância, podem ser reveladoras, ainda mais se puderem ser relacionadas a outro contexto. Se as empresas se valem disso para garantir seu sucesso e sua longevidade, qual o motivo que justificaria a qualquer pessoa não ter essa mesma atenção? Logicamente, uma pessoa sozinha, sem ter à sua disposição um orçamento e nem especialistas em inteligência empresarial que identificam sinais fracos no mercado, terá a seu cargo uma tarefa que pode parecer uma missão impossível, à primeira vista. Mesmo assim, com certas rotinas, pode praticar um pouco, criando um procedimento-padrão que o norteie, a fim de ser mais produtivo e eficaz em sua busca. Vale para aprender, empreender, realizar ações de marketing e mesmo para direcionar uma carreira futura.

O primeiro passo reside em criar um hábito que vai demandar certo tempo, que cada um saberá como dosar. Uma rotina de todas as manhãs é se dedicar, por exemplo, a percorrer as manchetes dos principais jornais do seu país, ainda que por apenas 30 minutos, o que dará uma contribuição fundamental para esta primeira ação. Melhor se ler também alguns jornais estrangeiros. Mesmo sem assinatura digital para ter acesso ao conteúdo completo, já dá para ver alguma coisa. Uma notícia de um jornal Mexicano pode ser aproveitada no vizinho EUA. Uma na Argentina pode ter consequências e possibilidades para o Brasil. Sem dúvida, uma assinatura de um bom site de jornal do país e uma de um estrangeiro, lido no mundo todo, representam um investimento valioso e compensador.

É importante se dar conta de que todos ficam sabendo das manchetes, então elas não representam sinais fracos, aqueles que poucos percebem. E é justamente neles que residem as oportunidades. Essa primeira parte do procedimento, a de buscar informações em distintas fontes de referência, precisa ser seguida da leitura daquilo que o inspira a buscar, nos textos selecionados, por alguma informação mais relevante, que pode estar nas entrelinhas. É algo bem mais difícil, mas a capacidade de interpretação e avaliação se tornam melhores com a prática diária. Dá para fazer melhor ainda? Sim, convidando seus familiares, ou amigos mais próximos a fazerem o mesmo e depois de cada um ter anotado aquilo que achou pertinente e interessante, reunirem-se, presencial ou digitalmente, para trocar ideias a respeito. Trabalho de equipe tende a superar o individual. Você terá montado uma equipe multidisciplinar, o que lhe será extremamente benéfico. Aliás, assim será a todos do grupo. Steve Jobs e Albert Einstein, para ficar em apenas dois gênios, não teriam concretizado sua grande obra sem uma equipe de colaboradores lhes dando suporte. Isso é fato. Mais cérebros pensantes pendem para uma análise mais eficaz.

A gestão do seu tempo e a do time de pessoas são fundamentais. Para isso acontecer, organizadamente, tome a frente das iniciativas. Exerça e desenvolva sua habilidade de liderança. Essas duas etapas, ainda que não configurem uma descoberta, vão aumentar consideravelmente suas habilidades de leitura, compreensão de textos e conhecimento geral. Você estará assim com um ganho indireto, o conhecimento adquirido, o qual será um diferencial. A terceira etapa, a mais difícil, creio eu, seja a de relacionar os temas observados como sinais não tão óbvios. Foco neles!

    Uma prática adotada por personalidades públicas e empresariais é a do monitoramento de notícias, onde alguma empresa especializada, ou um profissional de jornalismo, presta serviços de acompanhamento e seleção das publicações impressas e digitais, inclusive das redes sociais, do objeto de seu interesse. Aí se incluem marcas, nomes, frases... Empresas e pessoas que demonstram essa preocupação com a exposição de seus nomes e marcas, costumam contratar profissionais que realizam essa atividade, que no jargão jornalístico é chamada de clipping. É uma ferramenta de grande ajuda. Aos artistas, políticos, jogadores e técnicos de futebol, marca de veículos, por exemplo, importa muito o número de vezes que suas imagens são veiculadas na mídia em geral. Por vezes, nutrem-se até de notícias ruins, para que possam mitigar seus efeitos nocivos a tempo. As grandes organizações dedicam recursos valiosos para se ampararem em programas de IA para fazer isso. Se você for um empresário que ainda não tem alguém com o cargo de responsável por uma área de inteligência, está mais do que na hora de criar um departamento. Talvez não disponha de alguém com capacitação que atenda a esse perfil, então contrate um profissional. O retorno é garantido. Invista em programas de IA na sua empresa para ter um departamento de inteligência empresarial bem desenvolvido.

    Aos simples mortais, como a maioria das pessoas, ainda não há como contar com este recurso da IA. Mas isso não é 100% verdadeiro. Se você não dispõe de recursos, que tal usar o que está ao seu alcance, sem gastar nada? Minha sugestão é criar uma série de perguntas padronizadas para pesquisar no Google ou em outros sites de busca. Desenvolva isso a seu modo e aprimore-o com o tempo. Vou inventar um caso para ilustrar com desdobramentos da pesquisa. Uma manchete de um site está tratando do futuro do grafeno, um material que promete revolucionar a tecnologia de uma infinidade de produtos, com ganhos de resistência mecânica incomparáveis com o que temos de usual até o momento. Esta é a fase um. A manchete lhe chamou atenção. Agora você vai ler o conteúdo dela para ver se há alguma informação, não tão evidente, que possa ser coletada dessa fonte, o dito sinal fraco. Em um determinado parágrafo está dito que o grafeno possui propriedades que nenhum outro material tem. É flexível, transparente, condutor elétrico e de calor, 200 vezes mais resistente que o aço e o custo para a sua produção é baixo. Esse novo material trará benefícios insuperáveis às atuais aplicações em vidro ou em silício, podendo ser usado nos circuitos eletrônicos. São inúmeras as informações colhidas no texto, que não são contempladas pela manchete. Um detalhe lhe chamou a atenção: o grafeno é superior ao plástico para determinadas aplicações. Esse é um sinal fraco que exigirá pesquisa de mais conteúdo.

Depois, você relata isso ao seu time colaborativo. Na sequência, cada um precisará obter mais informações a respeito. Um vai pesquisar sobre Grafeno buscando a palavra no Google. Outro, fará buscas sobre artigos científicos em sites apropriados. O próprio Google tem o https://scholar.google.com.br/, e há muitos outros para livre consulta. Nesse site você busca por grafeno, simplesmente assim. Aparecem 10.800 resultados de sua busca. Se você tivesse acesso a recursos da IA, seria fácil de cobrir todos esses artigos, buscando por palavras-chave. Não dispondo dessa ferramenta, você precisará restringir mais a busca. Lembrando que conhece alguém que tem uma fábrica que injeta peças de plástico, faz nova busca com "grafeno x plástico". Agora são 2.620 publicações. Ainda é impossível de ler tamanho conteúdo. Então, você melhora a seleção, indo para algo mais específico, como "grafeno x plástico em peças injetadas". O que reduziu o campo de pesquisa para 98 publicações. Em outra manchete, alguém do grupo, ou mesmo você, viu que a Marinha do Brasil aprovará um orçamento recorde para investir em novas embarcações. As tecnologias de ponta são obrigatórias em qualquer novo investimento desse setor e com tamanha envergadura. Agora sim, você aumenta o grau de especificidade na busca. Pede ao site por publicações referentes a "grafeno x plástico em peças navais injetadas". Apenas uma palavra a mais foi inserida sobre a busca anterior. Somente dez resultados. Como relacionar essa última informação com aquela dos novos investimentos da Marinha?

O clássico exemplo da figura do iceberg se aplica muito bem ao conceito de inteligência empresarial. O que está aparente do bloco de gelo, todos enxergam, mas a forma, a cor, a dimensão e outras das suas características que estão submersas, não são percebidas pela maioria das pessoas. É aí que você precisa se debruçar e ver como fará um mergulho para descobrir o inédito. Agora que partiu de dados e informações, você adquiriu um conhecimento ímpar. Será necessário tomar decisões, quer seja vendendo esse conhecimento, empreendendo ou se empregando na empresa de peças plásticas de seu amigo, para começar a estruturar uma área de inteligência. Vai se aperfeiçoar em seus estudos, a fim de construir uma carreira atual e promissora. Terá que desenvolver novas habilidades, como a de novas metodologias para a investigação dentro de sua área, quem sabe, se encaminhando para uma área de inovação, ou de pesquisa e desenvolvimento. Suas possibilidades se abriram a partir do momento em que você decidiu mudar sua forma de ver a si mesmo no contexto da vida e da sociedade.

Quem você conhece que faz isso, na realidade? Ninguém ou poucos, seguramente. Aí está o pulo do gato: fazer o que todos fazem não o levará a ter um lugar de destaque onde quer que seja. É preciso mais do que se diferenciar. Seja único! Conhecimento sempre soma na adição das habilidades com as virtudes. Ele o transformará. Tenha sempre em mente que qualquer caminho tomado apresenta obstáculos. Os maiores não podem ser removidos, então é mais produtivo desviar deles, contornando-os e seguindo em sua trilha.

Sobre a capacitação dos profissionais, a fim de terem empregabilidade, eles serão cada vez mais exigidos neste sentido. Cabe aqui expor uma ideia a respeito da formação formal das diferentes profissões. Nas últimas décadas aqui no Brasil proliferaram instituições de ensino superior e cada uma oferece uma vasta gama de cursos de graduação. Quanto à educação, muitas vezes nos deparamos com cursos que não deveriam ter sido as prioridades da região, à época de sua criação. Alguns, como administração e direito, podem ser cursados em quase todas as cidades de porte médio a grande. A quantidade de graduados parece ser além da necessidade do mercado, pelo menos em algumas regiões, onde qualquer faculdade oferece esses cursos. A qualidade pode ficar comprometida. Administração é, geralmente, um curso ministrado à noite, quando na modalidade presencial. Os alunos trabalham durante o dia e não lhes sobra tempo adequado para estudar. Fico à vontade para citar esse curso porque sou graduado nele, mas as constatações, que discorro aqui, também servem para vários outros.

As universidades privadas, em vários casos, têm uma política de realizar trabalhos em duplas ou em grupos durante um semestre e em todas as disciplinas, ficando claro que esta é uma orientação imposta aos professores. É também uma forma de aumentar a chance de um aluno ser aprovado e com menor esforço possível, por parte dele. Evita-se, assim, a evasão escolar dos cursos de graduação. O ensino é um negócio, onde o aluno é o cliente e a instituição de ensino não pode se dar ao luxo de perder esse aluno, sua fonte de receita. Há outras universidades que, felizmente, primam por exigir dedicação de seus alunos, a fim de se manterem bem em um ranking digno de boas instituições de ensino, tanto nas avaliações regulamentadas, como pelo próprio mercado.

Muitos que se formam seguem trabalhando na mesma atividade e na posição que tinham antes da graduação. Em um mercado competitivo, você vale pelo que sabe e não por um pedaço de papel que raramente vão lhe pedir para apresentar. Vão apenas perguntar sobre a sua formação educacional e deixar isso registrado em seu cadastro. Vi bacharéis de administração cuidando de contas a pagar de uma empresa, o que já faziam antes de sua formatura. É de se esperar, pelo menos, que consigam melhorar de cargo ao longo de suas carreiras profissionais. Já vi uma universidade fazer grande esforço para abrir um curso de pedagogia em uma região totalmente voltada ao segmento agrícola. Seria melhor, para a população local, se fossem oferecidos cursos mais ligados às necessidades da economia da região. Não que essa localidade devesse desistir de contar com profissionais de pedagogia, mas qual o tamanho daquele mercado? Os recursos para educação costumam ser tão escassos e o tempo para atender às exigências legais tão moroso, que é preciso rever essa ótica de abrir quaisquer cursos tendo como principal finalidade a geração de receitas.

Essa prática adotada por várias instituições de ensino privadas do país contribuiu para que o ensino superior viesse a passar por uma crise sem precedentes, tão logo o sistema do programa de crédito educativo — tendo o governo federal como fonte — fosse interrompido, ainda que temporariamente. Em decorrência disso, a procura pelo ensino superior reduziu e houve a desistência de muitos alunos já matriculados, ou com seus cursos em andamento, pela falta de capacidade financeira. As instituições de ensino foram obrigadas a reduzir o quadro de professores e funcionários. Para oferecer cursos mais compatíveis com a capacidade financeira de boa parte dos estudantes, vários cursos foram reescritos para a modalidade EAD. Assim, as universidades estão se vendo obrigadas a repensar os cursos que desejam manter, posto que o retorno financeiro precisa ser levado em conta, já que há custos e despesas com obrigações a cumprir por parte da organização de ensino. A sobrevivência dessas universidades é fundamental para a sociedade e, principalmente, para os municípios onde estão localizadas, por gerarem empregos, renda e capacitação. Isto é, agregarem valor às comunidades e localidades próximas.

Apesar de ser uma obviedade, é importante ressaltar sua relevância como instituição local. O dilema reside em fechar ou não alguns de seus cursos de pouca procura. As universidades estão atreladas a um mínimo de cursos oferecidos para atender a uma exigência regulatória do MEC, com o propósito de manter o status como universidade, o que nenhuma delas quer perder. Então, tendem a amargar prejuízos e a se tornarem inadimplentes com suas obrigações, caso não conseguirem se reinventar. Professores já estavam tendo salários reduzidos e o percentual desses profissionais com doutorado havia sido reduzido ao mínimo exigido pela regulamentação do MEC, sendo a necessidade de redução de gastos, a diretriz causadora dessas decisões. Ao ver sobre esse prisma, o cenário futuro é o de piora acentuada na qualidade do ensino superior no Brasil. Decerto, as instituições de ensino não querem perder qualidade, tampouco alunos, mas seus problemas não param por aí. A crise devido à pandemia piorou o que já não estava bom, apesar de algumas universidades já terem concretizado um plano de reestruturação, pelas dificuldades até aqui relatadas, e conseguirem se manter ativas, realizando um bom trabalho. Mas, nem todas, infelizmente.

A estrutura curricular que relaciona as disciplinas que fazem parte da obrigatoriedade de cada curso é determinada pelo MEC. Cada país tem regulamentação própria. Nos EUA, quando um estudante entra para faculdade de administração ou direito, por exemplo, ele passa dois anos estudando, com aprofundamento, temas gerais como os já abordados antes de entrar na faculdade, no que lá é chamado de High-School. Somente a partir do terceiro ano o estudante entra nas disciplinas específicas do seu curso. Uma graduação com tempo de quatro anos terá, consequentemente, dois anos de formação geral e dois na área escolhida. Mas a diferença não reside apenas nisso. Lá, o estudante tem flexibilidade para montar sua própria grade curricular, sempre sob orientação e aprovação de seu professor-orientador. Não me animaria a dizer que a qualidade do ensino, devido a grade curricular, seja melhor em um sistema ou noutro. O que se sabe é que o desempenho médio de nossos estudantes, quando confrontados com os de outros países, não apresentou melhorias nos últimos anos. A matemática ainda parece ser o ponto fraco do ensino brasileiro de base. Para quem não acreditar, tente pedir para alguns jovens estudantes, em final do curso médio, fazerem cálculos percentuais. Ficarão surpresos com o resultado. Professores de ensino superior relatam que esta é uma notória deficiência, o que impacta na qualidade do ensino superior. É difícil exigir qualidade de ensino, se a matéria-prima recebida pelas universidades não é boa.

Outro dia estive conversando com um visitante chinês, com doutorado em engenharia química. Trabalhávamos para a mesma corporação norte-americana. Perguntei a ele como havia sido a sua educação formal. Ele me explicou que um dos critérios para entrar em uma universidade pública era o desempenho nos anos que antecediam o ensino superior. Como ele era de família pobre, a única maneira para garantir seu ingresso no ensino superior era tendo ótimas notas. Durante a graduação o processo era o mesmo para quem quisesse fazer uma pós até ser agraciado com doutorado. Só aqueles com notas excelentes teriam a total isenção e direito à pensão completa no alojamento para estudantes dentro do campus universitário. Os que tinham notas muito boas, apenas, ganhavam meia bolsa. A seleção era pela meritocracia. É o que pude entender. Esse jovem estava concentrado em um grande objetivo. Ele havia se empenhado em ter excelência em seus estudos, para ser um doutor. Aquele jovem queria garantir seu sustento e o de seus pais. Pesava sobre ele um elevado grau de responsabilidade e comprometimento com suas metas, tão implacáveis. Ele precisou renunciar a muita coisa que os jovens tanto apreciam. Nada é de graça nas conquistas do ser humano, pois tudo tem um preço. Ele ainda era jovem quando o conheci e já ocupava um cargo de vice-presidente de tecnologia de uma corporação norte-americana com dezenas de fábricas mundo afora. Certamente, seu sacrifício foi profissionalmente compensador e motivo de muito orgulho para seus familiares e amigos.

Um tema que precisa passar por uma grande transformação, o qual rompe o status quo do modo com que vem sendo aplicado, é o da educação formal de graduação de ensino superior. As universidades brasileiras, ao contrário do que se imaginava, são avessas às mudanças. Justamente lá? Não parece crível. Seria natural encontrar uma cultura voltada para mudanças, para a inovação, em centros de formação acadêmica. Se uma organização não tem essa cultura em seu seio, não imagino que seus alunos venham com este chip incorporado. Salvo casos pontuais, não é o que se vê. Para ser justo, preciso reconhecer que elas estão atreladas à regulamentação governamental de grade curricular e estrutura de cursos em geral, incluindo aí o sistema de avaliação de seus estudantes.

Conversei com alguns professores universitários sobre esse tema das transformações tecnológicas e suas exigências para o setor educacional. O que colhi veio ao encontro do que eu já pensava a respeito e pude ainda me valer de algumas fontes bibliográficas para dar uma opinião mais embasada. A pandemia da Covid-19 acelerou o processo de entrada em um novo mundo, o digital. A comunicação entre as pessoas, graças aos recursos da internet, foi a grande saída para se evitar um trauma maior ainda devido ao isolamento corporal. Conhecendo essa realidade, colhi algumas opiniões que aderem à minha visão da questão. As universidades já se deram conta de que tendem a ficar no caminho se não comprarem a ideia de uma reestruturação, com uma grande reformulação de seus cursos ofertados. Elas precisam passar por um processo radical de digitalização. Isso não é o mesmo que ter um bom sistema de TI, o qual os professores e alunos acessem tendo wi-fi e computadores disponibilizados nas salas de aula. Penso que todas essas instituições já deveriam ter esses recursos há um bom tempo.

A transformação digital vai bem além dos investimentos em infraestrutura. Ela inclui a cultura organizacional. Em geral, os professores, principalmente os das ciências humanas, oferecem muita resistência às mudanças que essa transformação exige. Não querem sair de sua zona de conforto. A insegurança deles é compreensível, pois nem todos costumam ter familiaridade com os recursos tecnológicos e relutam em tentar aprender. Fazem lobbies dentro das universidades contra as mudanças. Mesmo diante desse entrave, nada vai adiantar, pois ou o ensino passa por essa transformação ou sucumbirá e carregará consigo todos aqueles que se neguem às evidências e às necessidades transformadoras, mesmo sendo professores.

Quanto a estrutura das disciplinas ofertadas pelos cursos universitários, essas instituições devem se adequar o quanto antes a esse novo cenário de um mundo digital. Aqui há outra barreira que vários professores se posicionam, contrariamente, ao que seria o normal. É um entrave muito conservador que precisa ser bem trabalhado para superar as dificuldades que cada universidade terá pela frente. Um caminho é substituir os professores que não se adaptarem à realidade e outro é mantê-los e oferecer treinamentos de capacitação aos mestres e doutores. Mas essa última opção é a mais cara para a universidade e a que leva mais tempo para atingir seu objetivo. Nas universidades públicas, os professores concursados têm estabilidade de emprego, portanto, é mais difícil romper com o corporativismo e ativismo político. Como os cursos, que não são diretamente ligados à tecnologia digital, não têm várias disciplinas obrigatórias e opcionais nessa área de conhecimento? Um bacharel em contabilidade que não souber lidar bem com TI vai sobrar no mercado. Já é uma realidade profissional há um bom tempo, mas não para as universidades, o que é uma pena. Vale o mesmo para todas as áreas, todos os cursos, sem exceção. Não se pode mais ficar focado somente nos conteúdos tradicionais, os mesmos de algumas décadas anteriores. Mudou o mundo, mudaram as tecnologias e as necessidades de conhecimentos são outras. Que bom quando, pelo menos algumas dessas instituições, conseguem inovar. Já há universidade na vanguarda dessa transformação, partindo exatamente para esse caminho.

Um dos professores com quem conversei é da área médica. Ele me disse que onde trabalha já estão desenvolvendo um centro de simulação para o treinamento dos estudantes de medicina, algo que vai conferir um novo status para a respectiva faculdade de medicina. Já há uma tendência de ser criada alguma disciplina transversal, comum à grande maioria dos cursos, como a de empreendedorismo. Surge aqui uma luz no caminho, ainda que pálida. Melhor do que nada, certamente, mas muito pouco diante da realidade atual e muito menos do que teremos pela frente, no que se refere à tecnologia digital. Os professores mais jovens são adeptos às mudanças da metodologia e da grade curricular, ao passo que os mais velhos, em boa parte, mantêm-se arraigados a alguns conceitos já superados e provocam atritos que dificultam a quebra do paradigma do ensino superior. Estive analisando a grade curricular de alguns cursos de algumas universidades brasileiras e pude constatar exatamente o que foi dito.

Na Universidade FEEVALE,[XV] de Novo Hamburgo-RS, onde fiz o curso de administração, com um total de 3.200 horas de aulas, há apenas uma disciplina obrigatória na área de TI e apenas uma outra, dentre as 24 opcionais. A engenharia química tem 4.500 horas em 10 semestres e apenas uma matéria é de tecnologia digital. Na medicina não há qualquer disciplina de TI, tampouco no curso de direito, nem mesmo nas quase três dezenas de disciplinas optativas. Pedagogia com 3.740 horas de curso e apenas uma disciplina da área de TI, segundo apurei. Já nas opcionais, nenhuma nas 22 cadeiras. Ciências contábeis, com suas 3.200 horas, tem tão somente uma disciplina de TI e nenhuma nas 18 optativas.

Em geral, diria que a média deve ficar ao redor de uma matéria relacionada à tecnologia digital, por curso de áreas diferentes desta. Na Universidade Federal do Rio Grande do Sul (UFRGS) a estrutura curricular do curso de administração (bacharelado),[XVI] com suas 3.030 horas, não tem nenhuma disciplina de TI obrigatória e apenas uma optativa. Curioso que na Universidade de São Paulo (USP)[XVII] tampouco há. Nem o direito e nem a medicina oferecem esse tipo de conhecimento mandatório aos seus estudantes. Se eu errei nesta breve busca com margem de 100%, ainda seriam apenas duas disciplinas, praticamente nada para o contexto atual. Um desperdício de oportunidade para uma necessidade de primeira ordem nas profissões (todas).

O Google[XVIII] parece que tomou a dianteira, mais uma vez, na questão de formação profissional na área de TI. Interessados podem entrar no link da bibliografia. A empresa oferece cursos de seis meses, online, para as profissões de gerente de projeto, designer de experiência de usuário e analista de dados. Os salários anuais, em US$, que o Google oferece para essas carreiras são de 93 mil, 75 mil e 66 mil, respectivamente. Uma notícia que está ganhando o mundo. Em uma delas, a da Suno,[XIX] em matéria assinada por Carlo Cauti, a manchete estampa que o Google abre concorrência contra um sistema de formação superior tradicional, oferecendo cursos curtos e mais baratos. A empresa espera que os profissionais por ela formados possam integrar seu corpo de funcionários. Imaginem uma formação em tecnologia em apenas seis meses. É algo de muito novo. A corporação não fará distinção entre um diploma de ensino superior em alguma universidade e o emitido por ela mesma. Creio que o mercado inteiro não fará. Abre-se, então, um grande desconforto para o sistema tradicional. As carreiras técnicas nessas áreas demandam por profissionais do mercado capazes de exercer a atividade técnica específica. Então precisa fazer um curso de quatro anos, cuja metade do tempo não aborda nada da área tecnológica? Por quê?

Por toda essa pane no sistema educacional, em todos os níveis, aqui focado no ensino superior, é que enfatizo a recomendação aos alunos para que se dediquem com afinco aos seus cursos, aproveitando bem as cadeiras importantes para o seu futuro, quando forem oferecidas escolhas nas disciplinas opcionais. Você, universitário, não se contente com o conteúdo que é passado nas aulas. Estude conteúdos extracurriculares voltados ao mundo digital, pois terá que saber lidar com essa nova realidade. Vá à procura de aperfeiçoamento individual, fora da universidade que não está preparando seus estudantes adequadamente para o futuro. A internet oferece infinitas alternativas gratuitas para complementar seu conhecimento. Já que o nível é baixo, esforce-se para não pertencer a esse conjunto e sim a outro, o de profissionais bem preparados, tendo como base uma educação sólida, graças a um alto comprometimento. Não há área de intersecção entre esses dois conjuntos. Ou você pertence a um deles, ou ao outro. Espero que você esteja naquele que tende a se sair melhor em suas carreiras. O mercado regula quem vencerá e quem perderá.

Há uma série infindável de artigos a respeito da questão do emprego. Uma pesquisa cuidadosa na internet ajudará você na tomada de decisão para vencer na vida, em termos de áreas atrativas de trabalho, com boa expectativa de futuro. Ainda sou favorável ao empreendedorismo, principalmente se você tiver pouca idade e sem grandes compromissos financeiros com a família. Mas não é preciso ser jovem para empreender, a bem da verdade. Acabo de fundar uma empresa de consultoria com mais duas pessoas. Todas com experiência de empreendedores e de executivos e boa formação educacional. Estou com 66 anos. Pela expectativa de vida média do brasileiro, tenho cerca de mais dez anos de vida pela frente. Como espero ir bem além disso, tenho que me manter ativo e útil. Não me sinto bem sendo ocioso. Gosto de novos desafios. Outro dia conheci um senhor nos seus 90 anos de idade trabalhando com inovação. Por que não? E você que é mais jovem, ou bem mais, não deixe de ter iniciativa por medo de correr riscos. Um eventual tombo o ensinará a não repetir os mesmos erros e em nova tentativa sua chance de sucesso aumentará. Não desistir facilmente é um gatilho para o sucesso.

Já foi falado que cada um que queria entrar ou seguir no mercado de trabalho, quer como empregado, quer como dono do próprio negócio, deve sempre refletir sobre seus pontos fortes e fracos. Todos nós temos áreas que precisamos melhorar, aquelas que ainda não somos suficientemente bons. É de fundamental importância se reconhecer. Sabedor de suas características, você pode almejar um emprego em determinada área, ou empreender nela, ou mesmo noutro tipo de negócio. Se almeja ser um profissional contratado por alguma empresa, exercite o que será descrito a seguir. Deste modo, você será capaz de visualizar o tipo de empresa para a qual pretende mostrar todas as suas habilidades e vencer na carreira.

A esta altura, é de se esperar que você já tenha pesquisado os cursos de carreiras que tendem a ser promissoras nesta Segunda Era das Máquinas, ou Quarta Revolução Industrial, ou ainda, Indústria 4.0, todas expressões equivalentes. Você pode ser um autodidata, então busque capacitação, com um sem número de maneiras que atualmente estão disponibilizadas, pagas ou gratuitas. Esse processo de melhorar as próprias habilidades não terminará nunca nesta nova era, já que a mudança está nos atingindo permanentemente. Converse com profissionais da área. Adquira o máximo de informações que o ajudarão a tomar decisões certeiras. Quando falo de clientes, refiro-me às duas possibilidades, clientes externos (compradores de seus serviços ou produtos) e internos (seus chefes e colegas de trabalho).

Tenho sugerido aos executivos de empresas que apliquem a ferramenta Canvas, que os autores Osterwalder e Pigneur (2011) desenvolveram, suportados por centenas de colaboradores. De acordo com Reichert (2018), esse recurso é prático, útil e apropriado a qualquer tipo de negócio. Tenho aplicado ela junto aos clientes (empresas), que em poucos minutos de brainstorming[5] a gente sintetiza as ideias apontadas e monta um quadro que resume, conceitualmente, todo o negócio do cliente. Apesar de o livro dos autores não fazer referências a aplicações do modelo que criaram para indivíduos, mas sempre para empresas, me arrisco a tentar. A ferramenta foi usada originalmente como uma forma de resumir um modelo de geração de negócios de uma empresa, conforme dizem os autores. Atrevo-me a crer que essa contextualização da ferramenta pode ser aplicada às pessoas, do mesmo modo que às empresas. A finalidade dela é a de promover uma autodescoberta de como alguém contextualiza seu negócio, descrevendo-o em apenas uma única folha. Se alguém lhe perguntar em que consiste seu negócio, você o descreverá hábil e eficazmente caso tenha em mente a ferramenta como será descrita. Ela permite ter um claro entendimento conceitual sobre todo o seu modelo de negócios.

PARA PREPARAR UM CANVAS, É NECESSÁRIO ESCREVER CADA PASSO DENTRO DE UMA SEQUÊNCIA:

1. SEGMENTO

Os bancos de varejo criaram agências especiais para um público de alta renda. Esse é o segmento que querem atingir. Os publicitários sabem muito bem em que segmentos devem concentrar suas campanhas, de acordo com cada cliente ou produto. Um veículo de luxo tem seu foco naquelas pessoas de alta renda, enquanto acontece o inverso para um veículo popular. Caso forem carros esportivos, o mercado-alvo será o segmento de renda média a alta e para aficionados por automobilismo. É um grupo bem limitado de pessoas, mas que não renuncia seu prazer em ter e mostrar sua joia, desfilando com ela nos finais de semana, nas avenidas mais atrativas da cidade. Uma motocicleta da marca Harley Davidson,

---

5. Brainstorming, traduzida como tempestade cerebral, reúne ideias sem preconceitos. Cada um diz o que pensa, sem temor, e os melhores pontos são escolhidos para seguirem na discussão.

por sua vez, também tem um público muito específico. Não pesquisei isso, mas quero crer que predominem dos cinquentões para mais neste segmento. Já os jovens preferem as motocicletas de alto desempenho, com linhas mais esportivas.

Um arquiteto pode atuar com foco em residências de alto padrão; outros em preparação de ambientes comerciais; e alguns na construção de condomínios. Assim, para cada uma dessas opções, dentre tantas, vai haver um direcionamento de suas ações. Um comércio de materiais para consultórios odontológicos tem muito claro e óbvio com qual segmento deve trabalhar. Há empresas que dispersam recursos e tempo em grupos de clientes não lucrativos, falhando na determinação da área de atuação. Uma curva ABC de vendas, aquela que agrupa as receitas, ou resultados gerados, por categoria de clientes, pode mostrar que 20% dos melhores clientes (grupo A) geram 80% das vendas. Dito de outra forma, 80% deles produzem apenas 20% da receita. Valeria a pena manter todo um esforço para preservar esses 80% de clientes com pouco resultados em sua carteira? É uma análise de segmentação necessária para qualquer empresa. Os prestadores de serviços também conhecem muito bem a importância de definir o segmento no qual vão atuar.

Definir o setor, a área ou o nicho que se quer atuar precisa estar muito claro. Ele pode se limitar a uma região pequena ou grande, a um país, ou sem limites geográficos, abrangendo todo o mercado internacional. Uma pequena loja de vinhos atenderá seu bairro ou cidade, essencialmente. Um operador de logística internacional vai atender a operadores que movimentam as importações e exportações entre quaisquer países.

2. PROPÓSITO

Sim, qual é o seu propósito como indivíduo?

Uma das primeiras tarefas que alguém deve refletir é sobre o seu propósito. Por que você existe? Tal qual uma raiz alimenta a planta, o propósito alimenta nossas ações. É um guia para nossas vidas. Quem pensa em ter um negócio próprio, ou conseguir um emprego, precisa refletir sobre isso e escrever, para que não seja esquecido. Seu futuro vai depender dele. O propósito é diferente da visão. Esta estabelece um objetivo estratégico para um tempo de três a dez anos, geralmente. A cada ano, avalia-se a visão, a fim de verificar se ela está sendo atendida. Um escritor poderia ter como maior objetivo ser o mais premiado de seu país em um prazo 10 anos, o que significa ser o mais reconhecido. Outro poderia sonhar em ser o mais lido dentro de cinco anos. Métricas são usadas para conferir se a visão de longo prazo está sendo atingida e, para alcançá-la, se traça uma estratégia. Uma delas poderia ser a de gerar muito conteúdo — lançar muitos livros — ou investir tempo e recursos substanciais na promoção de seu material.

Para acompanhar o desempenho de sua estratégia, o autor cria seus indicadores estratégicos. Nos exemplos dados, poderiam ser, respectivamente: número de prêmios e citações em veículos de mídia por ano; e número de livros vendidos, anualmente, por título. Dessa forma, e sabendo qual a performance dos outros autores, é possível monitorar seus objetivos. A visão é um conceito que cada um deve ter, que vai dizer aonde se quer chegar num determinado momento futuro. É como um sonho, mas do tipo desafiador e atingível, ao mesmo tempo. Exemplificando: se um médico resolve fazer, todos os anos, um trabalho voluntário de atendimento filantrópico na área da saúde, voltando-se para comunidades longínquas das cidades, como as indígenas da Amazônia, o propósito dele poderia ser o de melhorar a saúde daqueles sem acesso aos recursos da medicina.

Eu sou conselheiro de uma instituição cooperativa de crédito e temos o propósito "juntos, construímos comunidades melhores", o que é levado muito a sério e sempre tentamos cumprir à risca esse nosso guia, a razão de existirmos como cooperativa. Temos atuado com recursos substanciais, originados pelo resultado anual da cooperativa, ou seja, de seus sócios, que são os próprios correntistas. Em uma cooperativa, cada associado, como o nome diz, é sócio da instituição. Cada um deles, em assembleias, decide o quanto vai renunciar daquilo que seria a sua parcela na distribuição desse resultado. O montante total é distribuído, de forma diluída, entre entidades associadas à cooperativa da região onde ela está presente, todas sem fins lucrativos. Existe um regulamento, uma fiscalização da correta aplicação dos recursos doados aos projetos apresentados por essas entidades. Um condicionante do projeto é ser voltado à cultura e à educação. Escolas, grupos folclóricos e corais são exemplos dos contemplados. Só em 2019 foram distribuídos, em números aproximados, um pouco mais de R$ 1.700.000,00 entre

250 entidades. Assim tem sido ao longo dos últimos anos e agora essa ação social está inserida em seu estatuto. É uma forma de melhorar a comunidade. Outra, gerada durante a crise da pandemia, foi a doação de R$ 2 milhões à área da saúde, atendendo a hospitais das cidades que fazem parte da área atendida pela cooperativa. Esse volume considerável de recursos foi doado para a aquisição de equipamentos de UTI, como o caso dos respiradores, além de materiais como máscaras e roupas especiais para os profissionais de saúde.

A cooperativa tem projetos para preparar as famílias de agricultores para a sucessão dos seus negócios. Afinal, todos precisamos de alimentos, mas, se os jovens não quiserem seguir com os pequenos negócios de seus pais, não vai haver determinados alimentos em quantidade suficiente para a população. Pelo menos não da própria região. São ministrados cursos que ensinam como controlar suas receitas, seus gastos e como investir para melhorar a produtividade e a renda familiar. Os resultados obtidos são animadores. Outro projeto é o da educação financeira, no qual a cooperativa prepara escolas para ensinar seus alunos a lidar com dinheiro e a poupar uma parte da renda, como forma de investir em seu futuro. É enfatizada a questão de construir uma reserva futura para qualquer necessidade maior. São muitas ações que poderiam ser citadas, mas essas já demonstram como a instituição financeira faz para cumprir com seu propósito de melhorar as comunidades onde está inserida, tornando-as partícipes desse processo. Diria que uma cooperativa tem o seu DNA muito próprio que a caracteriza e a diferencia dos demais modelos de negócio. Como pessoa, escreva seu propósito. Uma frase já basta. Se ele não estiver formalizado, fica no esquecimento.

3. CANAIS

Aqui se descreve a maneira como você vai se comunicar para que sua mensagem, com seu propósito, chegue até o segmento que está determinado a atingir. Um consultor empresarial pode usar os canais digitais para alcançar seu público. Webinars, tão em evidência nestes dias, são uma forma de mostrar o que você quer e para quem. Os canais representam o elo entre você ou sua empresa e seu público. Um canal muito usado por indústrias é ter uma equipe de vendas, o que é classificado como um canal direto. Por outro lado, ela pode ser fornecedora de distribuidores, usando essa opção como um canal indireto.

4. RELACIONAMENTO COM CLIENTES

A forma de se relacionar com seu público é determinante dentro do seu Canvas. Pode-se atuar com contatos presenciais ou virtuais. Esse relacionamento objetiva aumentar as vendas, conquistando novos clientes, mas sem se descuidar com a manutenção dos já existentes, conforme ressaltam Osterwalder e Pigneur (2011). Há atividades em que o mais importante é a interação humana. Para um dentista, não há hipótese de um relacionamento digital para implantes serem realizados. Uma etapa preliminar, a do uso dos canais digitais sim, pode comunicar o propósito desse profissional para um determinado tipo de público que ele segmentou, contudo, a forma de efetivar o relacionamento se dá por meio do encontro presencial. Nesse momento histórico de pandemia, muitas profissões, como a de conselheiro para desenvolvimento de carreira, estão se relacionando com sua clientela via ferramentas digitais. Não só a maneira de se comunicar nos canais, mas a forma de se relacionar com seu cliente, se dá por meios digitais, recursos das plataformas de videoconferência.

5. FONTES DE RECEITA

Esse tipo de modelo de negócios se sustenta quando houver entrada de dinheiro, a tal da receita. É com ela que a atividade é mantida, sendo capaz de arcar com todos os gastos (custos e despesas) e ainda gerar uma sobra, o lucro. Você pode receber um valor pela simples venda de um produto físico ou serviço, mas outra modalidade é bem usual no mundo dos negócios, a de assinaturas por um serviço prestado ou uma taxa sobre a receita para ser licenciado de uma marca. Essa forma garante uma receita mais duradoura. É o caso das empresas de telefonia, de internet e daquelas que cobram por suas licenças para uso de softwares.

Um compositor obtém renda da venda de sua propriedade intelectual por meio de um percentual sobre a venda das músicas gravadas por cantores via streaming, ou vendas de CD (cada vez menor), mas também pelos shows dos artistas, em que suas músicas são apresentadas. Sabe-se de histórias de compositores — hoje admirados por sua obra — que muitas vezes renunciaram sua autoria e vendiam suas composições por pura necessidade financeira imediata. Um músico pode ter uma receita de venda de seu livro sobre determinada metodologia de ensino de música, ou por aulas ministradas — presenciais e online —, assim como por shows realizados e participações em gravações de outros artistas.

É comum quando compramos um equipamento para uso residencial ou de escritório, nos oferecerem uma taxa de manutenção. No caso, a receita é gerada pela venda do equipamento e pela assinatura de um serviço. Atualmente, as impressoras para computadores são, relativamente, baratas. O problema quando se adquire uma marca é a dependência criada pelos seus acessórios, no caso da tinta de impressão. Essas são muito caras e, provavelmente, as mais lucrativas para o fabricante.

Um cabeleireiro pode ter duas ou mais fontes de renda. Uma seria pelo corte de cabelo em seu espaço físico. Outra, pela venda de xampus e certos tipos de cosméticos. Havendo espaço físico em seu estabelecimento, ele pode contratar empreendedores individuais e receber um valor fixo ou variável, mensalmente, segundo a receita auferida pelo prestador de serviços. É o caso de manicures dentro de um salão de cabeleireiro. A estratégia já tem sido adotada há muito tempo pelos profissionais do ramo. Outra possível forma de ter receita adicional é prestar seus serviços em domicílio. Há um bom tempo fui comprar um sofá para minha sala e me convenceram a adquirir uma aplicação de um repelente ao suor e à umidade. Duas fontes de receita, portanto. Nos exemplos, vê-se que gerar diferentes formas de obtenção de recursos financeiros é uma maneira inteligente dentro de um modelo de negócios.

6. RECURSOS PRINCIPAIS

Um negócio depende de alguns recursos mais importantes, que variam muito, segundo seu modelo. Podemos ressaltar que um típico recurso é o físico, como uma sala comercial, um prédio amplo para ser usado como um CD, ou mesmo um pequeno espaço residencial para trabalhar de casa, no mundo online. Eu assumi meu escritório em um ambiente que poderia ser um aposento do meu apartamento. Nele tenho minha biblioteca física e meus notebooks e mais alguns acessórios. Quando optei por essa instalação, há cinco anos, precisei adquirir móveis para esse meu pequeno local de trabalho. Investi um pequeno valor na minha instalação física. Alguém que vai iniciar uma carreira de dentista terá que realizar um investimento importante em equipamentos para sua clínica, sem os quais não terá como exercer sua profissão. Então o recurso, neste caso, é financeiro pela razão dessas compras obrigatórias e físico para ter um local de trabalho. Uma empresa de consultoria se destaca pelos seus recursos humanos. O conhecimento é o maior ativo de uma empresa desse tipo. Certas atividades podem precisar de recursos intelectuais, como marcas, patentes e uso de softwares dentre outros exemplos.

7. ATIVIDADES-CHAVE

Para que seu modelo de negócios se realize, é obrigatório que algumas atividades fundamentais sejam realizadas. Para um advogado de família, a atividade principal consiste em solucionar conflitos, geralmente de relacionamento (divórcio, guarda de filhos ou de partilha de bens). Para uma indústria de confecções é a produção de vestuário. Uma proposta de valor pressupõe certas atividades obrigatórias para que ela se cumpra no modelo de negócios em questão. Quais atividades serão necessárias no uso de seus canais de comunicação, no relacionamento com sua clientela e que exigem recursos, obviamente, para gerar receita? Esse é o entendimento daquilo que consiste em uma atividade-chave.

8. PARCERIAS PRINCIPAIS

Todo e qualquer tipo de negócios não pode prescindir de algum fornecedor, sem o qual seu negócio não avança. Cada vez que chamo um encanador, dou-me conta de que ele se abastece de bons fornecedores de ferramentas e peças para que realize os consertos, quando atende sua clientela. Com uma boa estratégia voltada a prestigiar e fidelizar seus aliados, os riscos da atividade irão sendo mitigados. Um clínico geral saberá em qual laboratório de análises clínicas confiar e poderá contar com situações de agilização das análises para casos urgentes. Firma uma parceria, é atendido a cada solicitação e exerce a reciprocidade de recomendar aquele laboratório. Só existem parcerias quando elas são vantajosas para as duas partes e, principalmente, para o cliente, que se vê bem atendido.

Uma indústria costuma ter sólidas parcerias com prestadores de serviços ou mesmo de insumos. Fui sócio de uma indústria de produtos químicos e sempre que tínhamos que testar um novo produto desenvolvido em nosso laboratório, nos socorríamos do nosso cliente mais fiel e aberto à parceria. Em troca, ele sempre era merecedor de atenção especial de nossa parte, recebendo status de prioritário em suas demandas. Assim é o mundo real na maioria dos negócios. Criamos laços com um técnico em computação para que ele nos atendesse rapidamente sempre que tivéssemos necessidade. A nossa fidelização era a contrapartida dessa parceria.

Aprendi, como avaliador de empresas, que minha atividade depende de uma boa seleção de alguns parceiros-chave. Por vezes, quando faço avaliação de uma empresa para determinar seu valor justo de mercado, preciso contar com o suporte de um contador com competência destacável e de confiança. Não pode haver dúvidas sobre seu modo de trabalhar. Com o tempo filtrei alguns, em diferentes regiões, que atendem a todos os requisitos necessários para que eu possa contar com seus serviços, sempre que uma situação assim o exigir. Nossa empresa atual de soluções empresariais não tem nenhum advogado em seu quadro de profissionais. Somos focados em gestão e avaliação de empresas. Todavia, surgem casos em que estamos prestando nossos serviços em um cliente e ele nos pede um advogado para assumir uma determinada necessidade. Ganhamos mais credibilidade com esse cliente se formos capazes de indicar um bom profissional com capacidade e comportamento ético exemplar. Por vezes, em uma avaliação do valor justo de mercado para uma empresa, surge um interessado na aquisição dela. Como consequência, surge a necessidade de se fazer uma auditoria e uma verdadeira varredura nos riscos contratuais e potenciais dessa empresa. Esta é uma área especializada dentro do direito. Já temos um parceiro qualificado para ser indicado e satisfazer o cliente. Novamente, ganhamos créditos com o nosso público, sempre que nossos parceiros exercerem bem suas atividades.

Também podemos chamar essas parcerias de alianças estratégicas. Um dos tipos mais avançados dessa classe são as *joint ventures*, que ocorrem quando diferentes organizações se juntam e criam outra empresa, já nascendo maior e ganhando relevância no mercado.

9. ESTRUTURA DE CUSTO

Essa é a parte que não gostamos de lidar, mas sobre a qual precisamos ter controle absoluto. Trata-se dos custos que envolvem uma atividade e são necessários para a concretização do negócio. Alguns modelos de negócio lidam com produção — fábricas — e altos custos de fabricação são características dessa atividade econômica. A agricultura é um setor que tem elevados gastos para preparar a área de plantio, semear e realizar a colheita. A mecanização da lavoura gera custos de manutenção. O consumo de diesel para suas máquinas, o adubo que nutre a terra, a sacaria e a mão de obra se constituem em alguns dos tantos gastos importantes que integram a atividade. O arrendamento da terra e as benfeitorias geram despesas mensais fixas, que podem ser bem expressivas. Uma atividade mais intelectual, como a de assessoria tributária, tem gastos em atualização de conhecimento e ele se dá durante toda a vida dos profissionais desta categoria. Seja qual for a atividade, o importante na geração de um modelo de negócios é relacionar todos os principais gastos para que sua proposta de valor se realize.

Se você decidir ser um empreendedor, não deixe de elaborar um Canvas (modelo de geração de negócios) do seu negócio pretendido, antes de começar sua empresa. Ele vai mostrar caminhos a serem trilhados, outros a serem evitados e pode ser que lhe fique evidenciado que a melhor decisão é não empreender naquele tipo de negócio, com o modelo pensado. Mas não desista, se for o caso. Aprimore o modelo ou parta para outro tipo de negócio, seguindo o mesmo procedimento aqui enfatizado.

COOPERATIVISMO E SISTEMA FINANCEIRO

O cooperativismo surgiu na primeira metade do Século XIX, em Rochdale, na Inglaterra. Para Meinem e Port (2014), essa associação voluntária de pessoas em torno de um objetivo comum parte de uma preocupação com valores e ideais humanitários. Essa iniciativa sócio-empreendedora se preocupa em levar uma vida melhor para mais de um bilhão de pessoas em todo o mundo, aderindo a valores e princípios para alcançar tamanha magnitude. Ainda segundo os autores, as cooperativas financeiras que superam 57 mil estão presentes em mais de 100 países. No Brasil esta atividade é parte do Sistema Financeiro Nacional (SFN) e segue os regulamentos estabelecidos pelo Banco Central do Brasil (BCB), como todas as demais instituições financeiras. Há diferenças quando a instituição financeira for uma cooperativa, já que elas desempenham um importante papel social em suas comunidades. Existem, da mesma forma que para os bancos, uma série de obrigações legais a serem cumpridas, como indicadores financeiros, econômicos e patrimoniais. Elas precisam realizar auditorias externas e internas anualmente, ter conselhos de administração e fiscal, canais de denúncia, e assembleias com os associados.

Comento isso, porque conheço o significado e participo como associado e conselheiro de administração de uma destas grandes instituições financeiras — cooperativa de crédito —, portanto, sei com algum conhecimento de causa do valor que elas agregam ao ambiente onde estão inseridas, motivo que me proponho a colaborar com o cooperativismo. Tenho muito orgulho desse sentimento de pertencimento e propósito. Sem viés político algum, o modelo presente de capitalismo está esgotado no mundo, com a necessidade de se reinventar o quanto antes. Um capitalismo mais consciente pode ser uma solução dentro de um processo de aperfeiçoamento, uma evolução, por assim dizer. O socialismo fracassou e como opção não encanta mais a quase totalidade dos países. O que vemos é uma necessidade de modernizar o atual modelo dominante.

Uma publicação na Forbes[xx] de um trabalho que envolveu o Banco de Crédito Suíço, escancarou a manchete de que 1% das pessoas no mundo detêm, aproximadamente, 50% da riqueza global. Além disso, o artigo ressalta que a China superou os Estados Unidos em número dos 10% mais ricos do mundo. Acho que é justo que a meritocracia — da qual comungo — premie os mais audazes, mais capazes, e todos aqueles que empreendem e colocam em risco seu patrimônio pessoal, mas a fórmula de compensação não é das mais justas, convenhamos. Cito o bilionário Jack Ma, mais uma vez, quando ele comenta que uma fortuna de 1 bilhão de dólares não pertence a quem a detém e sim à sociedade que a gerou. Ele quis dizer, na minha interpretação, que é preciso repensar essa riqueza, reconhecendo seus colaboradores, os *stakeholders*, a sociedade como um todo e suas regiões de atuação. Precisa retribuir com compromissos sociais ao que recebe da população e sem se esquecer de que, cada vez mais, deve oferecer produtos que atendam a real necessidade dos seus clientes, a fim de satisfazê-los e não somente pelo resultado financeiro da empresa. E qual a razão para que eu discorra sobre este assunto? É que o sistema financeiro global está se transformando radicalmente devido a uma disrupção tecnológica sem precedentes, e ainda nem se sabe ao certo o que está por vir. Estruturas tradicionais podem sucumbir se não aderirem às tendências do setor. Essas instituições precisam ponderar sobre a nova realidade. Certamente, todas estão avaliando os cenários disruptivos. Quem pretende se inserir neste mercado de trabalho, ou para aqueles que buscam um modelo que lhe confira mais satisfação, é conveniente que se aprofundem um pouco nesta opção do cooperativismo e tomem sua decisão sobre onde quer participar, onde terá mais retorno e onde terá um papel de contribuir para melhorar a vida de sua comunidade. A decisão merece uma boa avaliação.

O que difere uma cooperativa de um banco convencional? Essencialmente, cada correntista é um sócio da instituição e vota nas assembleias que decidem as aprovações de contas, quem serão os conselheiros de administração e fiscal e quanto à destinação dos resultados, antes chamados de sobras e que, contabilmente, significam o mesmo que os bancos chamam de lucros. Cada associado tem direito a um voto, não importando seu capital social, o que difere dos modelos das Sociedades Anônimas, como os bancos. Nelas, a maioria do capital decide. Outra grande diferença é o retorno que uma cooperativa dá para a sua comunidade. O resultado é distribuído lá mesmo, em seus municípios de atuação, tanto como distribuição aos associados, como em retorno social de inúmeras frentes, desde projetos de educação financeira, cultural, sucessão rural...

Em 1902, o padre jesuíta nascido na Suíça, Pe. Theodor Amstad, fundou o que hoje é a Sicredi Pioneira, a primeira cooperativa de crédito da América Latina, sendo uma organização centenária, portanto. Atualmente, ela compreende uma região no Rio Grande do Sul formada por 21 municípios e conta com cerca de 160 mil associados. Ela é o que se chama de uma cooperativa singular e, como ela, existem mais de 100 outras no sistema Sicredi em âmbito nacional, segundo o Portal do Cooperativismo.[XXI] A cooperativa está presente em quase todos os estados brasileiros. De acordo com o site da própria instituição financeira Sicredi,[XXII] o número de associados totaliza 4,5 milhões, com suas 1.900 agências.

Outra grande organização brasileira de cooperativismo de crédito, é a instituição financeira Sicoob,[XXIII] o maior sistema financeiro cooperativo do país, com seus 4,6 milhões de associados e mais de 2.700 pontos de atendimento espalhados pelo Brasil. Assim como as demais cooperativas de crédito financeiro, as duas citadas são as maiores, mas não as únicas. Essas instituições oferecem um pacote de produtos semelhante ao que os bancos têm. A diferença em relação aos maiores bancos, que concentram a maior parte dos recursos do país, é que as cooperativas têm um propósito diferente, com forte viés voltado à sociedade. Os bancos, como qualquer empresa, focam resultados para atender às necessidades de seus acionistas, o que faz parte do jogo. A economia, no modelo de hoje, não andaria sem os bancos, há que se reconhecer; estou longe de propor tal insensatez. O que proponho aqui é mostrar que podemos ter um viés moderno e mais justo, participando dos resultados obtidos de uma instituição cooperativa financeira de crédito, e tendo vantagens econômicas e sociais por participar delas.

Um vencedor não pode pensar apenas em si mesmo. Ele faz parte de uma comunidade, de uma cidade, de um estado e de um país. Se aqueles ao seu redor estão bem, você tende a ganhar com isso, quer em qualidade de vida e satisfação, quer como empregado ou empreendedor. Como negócio, é muito mais inteligente operar com uma instituição financeira de crédito cooperativo, pois tem nela os mesmos produtos que encontra nas demais instituições financeiras e terá uma participação anual nos resultados dessa cooperativa, da qual você é associado (sócio). Além disso, você ajudará a construir uma comunidade melhor. Certamente, fazendo isso, você se sentirá bem. Esse é o papel de um vencedor e não de um perdedor.

Assim como os bancos, as cooperativas precisaram investir em desenvolvimento de suas áreas de tecnologia da informação para oferecer as mesmas facilidades que os bancos nesse mundo de transformação digital galopante, que as demais instituições do sistema financeiro oferecem. Há cerca de dois meses, a nova empresa que ajudei a fundar em parceria com mais dois sócios, e tem sua sede em Piracicaba, SP, precisou abrir uma conta bancária. O que foi feito em uma cooperativa. Recebi os arquivos com a documentação e os assinei eletronicamente, aqui do meu escritório, no Rio Grande do Sul. Não precisei ir até aquela agência. Talvez nunca vá. Foi em questão de minutos.

O atendimento à distância tem mudado o mercado. Os jovens, principalmente, têm sido atraídos por outro tipo de instituição financeira, as fintechs, que operam totalmente por meio digital, sem agências. Elas oferecem pouquíssimos produtos, até por terem sido criadas recentemente. Isso pode mudar e o objetivo delas, em geral, é o de serem incorporadas por algum grande banco, ou seguir na estratégia de forte crescimento para, ali adiante, entrar no mercado de capitais via oferta pública inicial (IPO) de ações na Bolsa de Valores. O que atrai seu público é a forma de interação totalmente digital, rápida e sem burocracia. Você abre sua conta sem sair de casa, até por que as fintechs não possuem agências físicas. O que os bancos e as cooperativas financeiras de crédito estão fazendo é também ter essa modalidade de abrir conta e operar totalmente por meio de aplicativos para smartphone. O mundo digital se apoderou destas relações e faz com que as instituições do setor se vejam obrigadas a concentrar esforços e recursos no desenvolvimento de plataformas digitais, a fim de atrair novos clientes/associados e manter os atuais. Chamo a atenção para o fato de que, queiramos ou não, as relações com qualquer instituição financeira tendem a ser, predominantemente, digitais. A questão parece despontar como um caminho sem volta. O processo de atualização é constante e muito dinâmico na atividade.

Ninguém deveria ser negligente, parando no tempo, sob pena de pagar um elevado preço por não participar da vida em sociedade, como as demais pessoas.

Há um custo para ser atuante com as modernidades tecnológicas: você precisa ter um smartphone moderno, ou um notebook com boa velocidade e sistemas atualizados, senão alguns programas não vão rodar. Mais importante que qualquer equipamento, é o seu usuário. Não adianta ter a maior velocidade de conexão e a maior capacidade de armazenagem, se tudo o que o usuário sabe é interagir no Facebook. Pior ainda, se for daqueles usuários que só sabem postar frases coladas de grandes pensadores, pois não são capazes de construir uma própria e querem dar a entender que são letrados.

A disrupção do setor financeiro vai além do exposto. Está surgindo o *open banking*, plataformas digitais que possibilitam uma integração do se chama de Interface de Programação de Aplicativo (API). O cliente está empoderado, sendo o dono legítimo de seus dados, os quais podem ser compartilhados entre as instituições financeiras e empresas, sob a sua concordância. Isso ameaça e tira o sono dos bancos, das cooperativas e das fintechs. Talvez a pandemia da Covid-19 venha a frear um pouco a exponencialidade do crescimento das fintechs, permitindo novo fôlego aos bancos e cooperativas que operam no sistema tradicional, já que são entidades com mais tradição, solidez e essa é uma real percepção que fica evidenciada quando o público passa em frente a uma agência. Ele vê que aquela instituição existe de fato, com bens físicos, também chamados de tangíveis. Há uma sensação maior de segurança, nesse sentido. Bancos e cooperativas ganham pela escala, variedade dos serviços prestados e poder econômico. As fintechs, por outro lado, são pura tecnologia e rápidas em suas tomadas de decisões, mas será uma questão de tempo para as atuais empresas desse grupo se erguerem novamente.

É de se esperar que muitas não sobrevivam a este cataclisma econômico, se ele durar mais do que o esperado. Poderia apostar que novas iniciativas entrarão no mercado, pois ele é dinâmico e atrativo. Poderemos, em breve, informar nossos dados às empresas financeiras dessa nova modalidade, lideradas pelas maiores empresas do mundo, como a Apple, Amazon, Facebook, Google e outras tantas. A preocupação do setor vigente é: Como enfrentar um poder tão grande e disruptivo? A instituição financeira deixa de concorrer apenas com os outros bancos, para se preocupar com o crescimento das fintechs e agora se vê diante de uma nova modalidade, em que empresas muito capitalizadas e gigantes de tecnologia estão prestes a ter uma participação significativa do mercado. Como competir? Acho que terão maior chance de sobrevivência aquelas que tiverem um olhar para sua comunidade, dando-lhe um retorno maior do que a concorrência e com o diferencial do atendimento, seja ele feito por inteligência artificial, seja pessoal ou presencial. A maioria das pessoas se sente mais confortável tendo uma agência para sanar suas dúvidas — ainda que eventualmente —, com a possibilidade também de olhar nos olhos do seu gerente de conta. Isso lhe confere uma sensação de segurança e poder. É a tal de percepção dos diferenciais no mercado. Mas, para outra parcela, talvez estes aspectos não prevaleçam. É muita coisa acontecendo ao mesmo tempo neste mundo, onde a disrupção tecnológica faz surgir novos modelos de negócios e o modelo mental das pessoas está em rápida transformação.

Cabe a nós usar os recursos que temos — como conhecimento — identificando as instituições que trazem inovações em seus serviços prestados e que podem nos dar a melhor consultoria e respostas aos nossos anseios e ir acompanhando desde agora, se ainda não o fez, todas as ofertas dos meios de comunicação disponibilizadas pela sua instituição. Baixe seus aplicativos, peça ajuda sobre como operá-los, se for necessário, use esses recursos para seu próprio bem, sob pena de ser incapaz de usufruir deste novo mundo e ele se tornar um tormento para você. Os aplicativos são construídos para serem operados em um design amigável e lógico. São fáceis de lidar. Não há que temê-los. A evolução que nos cerca está acelerada; o que funcionava ontem já não funciona mais, e o que funciona hoje deixará de funcionar em breve. Então, o que nos resta é acompanhar de perto as mudanças, os novos recursos e não deixar para começar em um futuro, mesmo que próximo. Já terá tudo mudado outra vez. Temos que manter a caminhada e superar os obstáculos do caminho. Não dá para atalhar, sob pena de sermos desclassificados da corrida com barreiras.

Enfatizo a questão do cooperativismo, ilustrando os benefícios dessa modalidade de associação de pessoas em torno de um objetivo comum. Falei do financeiro, porque tenho mais conhecimento de causa nessa área. Contudo, proponho uma ideia aqui e, apesar dela ser de ampla aplicação, não é tão compreendida por boa parte da população. Seria bom se as universidades incluíssem pelo menos uma disciplina de cooperativismo nos seus cursos de administração, economia, direito e tantos outros.

Qualquer um pode ter a iniciativa de reunir pessoas com um mesmo propósito e abrir uma cooperativa. Elas podem ser para distintas atividades. Os agricultores costumam se organizar em cooperativas, que centralizam a estocagem e realizam a venda dos produtos dos seus associados. É uma forma de viabilizar a comercialização da soja, do arroz, da carne, do leite... Unidos, têm mais força e negociam melhor a venda, já que as despesas de estocagem e comercialização ficam diluídas entre todos os associados. O benefício é evidente. Já vi uma cooperativa de consultores empresariais. A Unimed é uma cooperativa de médicos. São várias as profissões que se associam em cooperativas de sua classe. Há um campo fértil de oportunidades para serem aproveitadas. A felicidade de ser cooperativado e ajudar a sua comunidade o fará se sentir melhor e esse é um grande benefício conquistado.

MEGATENDÊNCIAS DEMOGRÁFICAS

A análise demográfica brasileira e global é importante principalmente para quem lida com estratégia, como acionistas, empreendedores, conselheiros de administração e executivos. A importância de ter uma visão mais clara do mundo atual e do futuro não se limita apenas à lista dos profissionais acima, mas a qualquer pessoa, principalmente os jovens, que precisam escolher uma carreira e considerar as principais tendências globais. As megatendências demográficas são de suma importância. Para exemplificar, nas próximas décadas a região da África Subsaariana vai crescer muito acima do que as demais regiões. A Nigéria, hoje com pouco mais de 200 milhões de habitantes, dobrará sua população até 2050. Isso significa que, em apenas três décadas, o país com maior crescimento populacional no mundo terá um aumento de sua população equivalente ao que o Brasil tem hoje de habitantes. Em 2047 assumirá a terceira colocação mundial, ficando somente atrás da Índia — o novo líder — e da China, então na segunda colocação. Em 2100, dentro de 80 anos, portanto, a população nigeriana deve atingir 730 milhões de pessoas.

Como mera curiosidade, mas que ilustra este crescimento estarrecedor da população nigeriana, em 1954 — ano em que eu nasci, há apenas 66 anos — a população nigeriana era de 40 milhões de habitantes, enquanto a brasileira rondava a casa dos 61 milhões. Durante a minha existência, os nigerianos quintuplicaram. Para aquele país de área relativamente pequena, sendo cerca de nove vezes menor do que a do Brasil, o crescimento descontrolado de sua população tende a ser um caos. Tomara que aquele povo, cuja riqueza de reservas de petróleo é imensa, possa usufruir da geração de renda e investimentos em educação, a única maneira de conter a elevadíssima taxa de fertilidade naquele país. O que é um problema para os nigerianos lidarem, pode representar uma oportunidade para quem vislumbra uma inserção no mercado internacional. É um mundo de possibilidades ímpares de investimentos e de consumo.

Alimentos constituirão, assim como a água, uma necessidade tão grande, que podem levar países a guerras em busca destes dois recursos imprescindíveis à vida. Bons profissionais, como engenheiros de alimentos, agrônomos, pesquisadores no campo da biotecnologia, químicos, cientistas de dados e tantas outras profissões terão grande procura. As áreas de infraestrutura e urbanismo terão um grande mercado potencial nos países com tamanha população, como a Nigéria. Profissionais de saúde terão um campo fértil de opções de trabalho. Os recursos naturais são limitados na natureza, então resta ao homem aumentar a produtividade e desenvolver novas tecnologias para compensar o aumento da demanda. A Nigéria é um dos países, mas não o único a apresentar um crescimento vertiginoso de sua população, o que piora ainda mais a situação global.

Não devemos olhar apenas para o nosso país, é preciso entender que a globalização permite que nos relacionemos com o mundo todo. A propósito, o idioma oficial da Nigéria é o inglês. Você ainda não fala este idioma? Trate de aprender. Então, para aqueles que estão desempregados ou querem se preparar para uma nova profissão, eis mais uma oportunidade: já que o mundo sempre vai precisar de trocas comerciais e de negociadores políticos, transforme-se em um agente de comércio exterior. Há bons cursos de graduação em diversas universidades do país. A carreira diplomática também será bastante requisitada, pois haverá tensões crescentes nas regiões com tamanha concentração de pessoas. Os organismos internacionais deverão ser mais eficazes do que têm sido, pois o poder de algumas nações vai aumentar muito e pode resultar em guerras, migrações descontroladas, fome, doenças... O quadro que se vislumbra não é nada bom.

Farei uma análise mais pormenorizada dos indicadores que influenciam no tamanho da população brasileira e, na sequência, tratarei da população mundial. As fontes de referências citadas são ricas em dados e indicadores que podem ser livremente consultados, caso alguém queira se aprofundar na temática. Não há como projetar cenários futuros sem entender o que pode acontecer com a população brasileira e global.

CRESCIMENTO POPULACIONAL NO BRASIL

Segundo o Instituto Brasileiro de Geografia e Estatística (IBGE),[XXIV] a taxa de crescimento da população brasileira, em 2020, é de apenas 0,77%. Observando o número total de habitantes estimados, na ordem de 211 milhões, aumentar 0,77% em um ano, significa um incremento de 2,4 milhões de habitantes apenas neste ano. Mas a taxa vem caindo ano após ano, e estima-se que em 2048 o indicador de crescimento da população brasileira passará a ser negativo. Pelo IBGE, somos 211 milhões de brasileiros em 2020, mas seremos 233 milhões de pessoas em 2048 e 228 milhões em 2060. Em suma, cresceremos até alcançarmos a marca dos 233 milhões e, logo após, esse número total de habitantes passará a diminuir.

Alguns Indicadores do IBGE			
	2020	2048	2060
Taxa Bruta de Natalidade (TBM)	6,56%	10,32%	12,51%
Taxa de Mortalidade Infantil (TMI)	11,56%	7,33%	6,91%
Taxa de Fecundidade Total (TFT)	1,77%	1,69%	1,66%
Expectativa de Vida ao Nascer	76,74 anos	80,45 anos	81,04 anos

Algumas constatações sobre essas informações:

- A taxa de mortalidade infantil vem caindo. Isso se deve aos avanços da medicina e à gestão da saúde pública e privada;
- A TFT vem diminuindo, o que ajuda a explicar a taxa decrescente da nossa população;
- A cada ano, aqueles que nascem tendem a viver mais do que os que nasceram em anos anteriores.

Evolução do Grupos Etários (em % da população total)			
	2020	2048	2060
Jovens (até 14 anos)	20,87%	15,65%	14,72%
Intermediários (15 a 64 anos)	69,30%	63,39%	59,8%
Idosos (65 ou mais)	9,83%	20,97%	25,49%

A tabela acima evidencia que a participação da população jovem sobre a total seguirá diminuindo ao longo dos anos, assim como aqueles entre 15 e 64 anos, ao passo que a de idosos aumentará consideravelmente. Não só as autoridades precisam se debruçar sobre as estimativas acima, já que elas impactam nas estratégias de longo prazo, mas todas as grandes lideranças. Por isso, é de fundamental importância pensar em estratégia de estado, que tenha sequência nos governos que estarão no poder, independentemente de seus partidos políticos. Todo cidadão, principalmente aqueles jovens e de meia idade, que têm uma expectativa laboral e familiar de longo prazo, devem questionar seus líderes e exigir dos políticos que trabalhem com foco em uma visão de futuro para o país. Cabe uma reflexão séria sobre o tema.

A evolução dos grupos etários sintetiza bem a questão da participação dos idosos na sociedade brasileira. O percentual de jovens, relativamente, cai a cada ano no total da população, contrariando a dos idosos, que aumenta. Em políticas governamentais de longo prazo, esses fatos justificam uma grande preocupação, que é como atender esta massa crescente de pessoas mais velhas, as quais apresentam demandas específicas da idade. Serão necessários mais investimentos em infraestrutura, saúde e previdência social. É a partir dessas oportunidades que surgem possibilidades para os jovens de hoje se profissionalizarem em áreas que possam atender aos idosos, e não somente a saúde, mas tantas outras mais, como o turismo, atividades de lazer, academias voltadas para esse público, suplementos alimentares, serviços de jardinagem etc. O número de animais de estimação, imagino, tende a aumentar também, pois muitos idosos, para compensar a solidão, costumam adotar cães e gatos, principalmente. Idosos apreciam a beleza da natureza e o cultivo de flores que trazem luz à vida. É outro mercado que parece ser atrativo. Fica a sugestão para os jovens, ou para quem pensa em investir em outra área ou profissão. O mercado para idosos é promissor.

Essas projeções demográficas são bem assertivas para as variáveis atuais. Aqui não há como se projetar nenhuma guerra devastadora, ou epidemia que venha a dizimar dezenas ou centenas de milhões de pessoas, nem mesmo um cataclismo global. Um país que perde participação de jovens no total de sua população, e ganha idosos, perde a sua força de trabalho com o passar do tempo. Como que o país se sustenta com essas características? Como ficam as aposentadorias? A estratégia de estado para o longo prazo precisa ser levada a sério, sob pena dos jovens de hoje terem uma velhice muito difícil.

POPULAÇÃO MUNDIAL

Somos 7 bilhões e 775 milhões de pessoas no mundo, hoje, conforme o site Worldometer.[xxv] Em 2060, a população global será de 10 bilhões e 150 milhões de pessoas. Por conseguinte, o Brasil representa 2,71% da população mundial e em 2060 terá sua participação reduzida para 2,25%, uma diminuição relativa considerável. Atualmente, somos a 6ª maior população entre todos os países. A China lidera com seu 1 bilhão e 428 milhões; em segundo lugar a Índia, com 1 bilhão e 376 milhões; na sequência vem os Estados Unidos, com 330 milhões; a Indonésia com 272 milhões; e o Paquistão com 220 milhões. Em seguida, vem o Brasil e imediatamente abaixo está a Nigéria, com seus 205 milhões de habitantes. Em 8º lugar, aparece Bangladesh com 164 milhões; seguido da Rússia com 146 milhões; e do México com seus 128 milhões. Somente nesses 10 primeiros colocados por tamanho populacional, os asiáticos somam 2 bilhões e 470 milhões de pessoas, representando 45% do total dos 10 maiores países. Entretanto, há vários outros países asiáticos e na sua totalidade a Ásia hoje conta com cerca de 60% da população mundial.

De acordo com as Nações Unidas,[XXVI] aguarda-se um incremento da população mundial de 2 bilhões de pessoas nos próximos 30 anos. A causa apontada por essa organização para o crescimento e envelhecimento da população mundial é o aumento da expectativa de vida. O crescimento maior acontece justamente nas regiões menos capacitadas, o que acarretará dificuldades crescentes para sustentar essas grandes massas. O problema tende a gerar atritos entre países vizinhos e entre distintas regiões. Certamente, em épocas de maior fricção entre nações, a carreira diplomática — negociadores — deve ganhar importância, pois os conflitos de interesses serão muitos. Vai aí outra sugestão para os jovens: estudem muito, façam os cursos necessários a fim de estar à altura para assumir postos nas embaixadas de seus países. Este caminho representa um campo fértil para os mais capazes.

URBANIZAÇÃO

Desde a Primeira Revolução Industrial, há mais de dois séculos, quando a máquina a vapor movimentava as máquinas de tear, surgiu uma nova classe de trabalhadores: a da indústria. Como consequência, houve uma migração das áreas rurais para as cidades. Em boa parte dos países, a maioria da sua população vivia em áreas rurais, o que foi diminuindo até os dias atuais, onde os centros urbanos abrigam a maioria dos habitantes dos países. Há um trabalho bastante completo no site das Nações Unidas[XXVII] que trata do percentual da população que reside em áreas urbanas para todos os países, agrupadas por continentes. Os dados estão apresentados de 1950 a 2020, sendo a última atualização de 2018, com um resultado bastante confiável. A população urbana mundial evoluiu de

29,6% (1950) para 46,7% (2000) e para **56,2%** (2020). Da mesma fonte, trago alguns dados que achei pertinentes:

Participação da População Urbana Mundial nos Continentes e em Alguns Países		
	1950	**2020**
No Mundo	29,6%	56,2%
África	14,3%	43,5%
Ásia	17,5%	51,1%
Europa	51,7%	74,9%
América Latina e Caribe	41,3%	81,2%
América do Norte	63,9%	82,6%
Oceania	62,4%	68,2%
Estados Unidos	64,2%	82,7%
China	11,8%	61,4%
Argentina	65,3%	92,1%
Brasil	**36,2%**	**87,1%**

O fenômeno de urbanização aconteceu em todos os continentes, mas em alguns deles a variação percentual foi extraordinária, como visto acima. O que seria imaginável para as próximas décadas, em relação a esta evolução? Será que nos países em que as cidades abrigam mais de 80% da população nacional, ainda haverá espaço para um incremento deste total nas próximas décadas? A população rural se mostra atraída pelos centros urbanos, em razão de uma vida isolada do movimento de pessoas. Carecem de maior atividade social. Pior que isso é quando pequenas comunidades rurais ficam distantes das cidades mais próximas, as quais costumam ser, também, de pequeno porte. Mesmo com a substituição parcial de pessoas por máquinas na agricultura, a migração para os centros urbanos pode ser um problema para a humanidade, pois quem vai garantir a produção de alimentos no futuro próximo se os jovens migrarem para as cidades?

Por outro lado, não é incomum ver um movimento contrário, que pessoas das cidades se reconhecem motivadas a mudar de vida e partem para alguma atividade rural, seja na agricultura, na pecuária, ou em ambas. É importante citar que o movimento para as grandes cidades é muitas vezes maior, apesar de existir quem queira viver no interior. Alguns jovens, não satisfeitos com a vida das metrópoles, procuram a vida rural para atender aos seus desejos e necessidades. Nas grandes cidades eles enfrentam dificuldades de emprego em um mercado de trabalho cada vez mais restritivo e onde as vagas de trabalho tendem a diminuir muito. Outros componentes típicos do estresse urbano são o trânsito e a poluição. A qualidade e o alto custo de uma vida urbana afugentam algumas pessoas, que buscam refúgio na vida interiorana, tornando-se microempreendedores. Conheço um jovem de São Paulo que buscou no interior do seu estado, em uma região rural, a solução para seus anseios. Instalou uma estufa (greenhouse) para produzir flores e verduras, que são atividades que exigem um pequeno pedaço de terra e o investimento é relativamente pequeno. Está feliz da vida e prosperando. Um bom exemplo de uma transformação (metamorfose) para ressurgir como um vencedor.

A mecanização, há muito iniciada, somada à automação das grandes lavouras, eliminou um grande contingente de trabalhadores rurais, caracterizados por baixa escolaridade e qualificação. Mesmo com essa migração em massa das populações rurais para as cidades, a produção agrícola tem crescido muito. Nas décadas recentes, este grupo de desempregados das regiões rurais foi se deslocando para as cidades em busca de empregos e encontraram abrigo na construção civil, que teve um salto de obras realizadas. Mais recentemente, no Brasil, o mercado de imóveis declinou, substancialmente, pois a oferta estava alta demais, deixando aqueles trabalhadores da construção civil, novamente, sem emprego. A própria atividade de construção civil foi sendo modificada. Os projetos buscaram otimizar seus processos, diminuindo custos com materiais e mão de obra. Como maior produtividade e menos demanda, essa importante atividade não é promissora para aquela massa de trabalhadores sem qualificação, que vendem seu trabalho braçal. Os que têm habilidades especiais, como ceramistas, encanadores e eletricistas, para citar apenas alguns, conseguem se manter nos empregos com mais facilidade, mesmo que trabalhando como microempreendedores.

Kluyver e Pearce II (2010) ressaltam que esse processo de urbanização fará surgir inúmeras megacidades, com vários milhões de habitantes. Por conseguinte, acarretará uma necessidade de elevados investimentos em infraestrutura, como avenidas, praças públicas e iluminação pública, coleta e tratamento de efluentes. Áreas críticas, como segurança pública, limpeza urbana, hospitais, transporte coletivo, serviços sociais, dentre outras, deverão merecer atenção especial. Aqui vemos inúmeras dificuldades para os gestores, mas também incontáveis oportunidades para startups, empreendedores e trabalhadores capacitados. A reciclagem de resíduos urbanos é latente, mas requer grandes investimentos. A engenharia de dados para aplicações urbanas é uma profissão que terá muita relevância no ambiente das cidades. O mercado para aplicativos de smartphones, principalmente, é de um potencial ilimitado. Essa é uma alternativa para empreendedores, mesmo aqueles sem conhecimento de tecnologia da informação. Se tiverem conhecimento no assunto, melhor, mas Jack Ma não sabe escrever uma linha de códigos de programação, no entanto, sabe empreender negócios digitais como poucos, o que inclui liderança de equipes, um de seus pontos fortes.

Se você quiser se inserir em um mercado com fortíssima concorrência em número de iniciativas de empreendedores de startups, precisa aprender o conhecimento básico de gestão, caso não o tenha, para ser um empreendedor; precisa construir algo aplicável no mercado; e iniciar a atividade com parceiros — "era da colaboração" — que se complementem nas habilidades. Quando a startup estiver com algum histórico de forte crescimento e evidenciar grande potencial, é chegada a hora de buscar investidores, que vão alavancar seu negócio, provendo a entrada de recursos financeiros necessários para que o negócio deslanche. Não é fácil de alcançar o sucesso com uma startup, mas há casos de incrível crescimento e resultados atingidos. O processo de urbanização gera cidades cada vez maiores e carentes de muitos serviços. Acredito que muitos prefeitos e secretários gostariam de ter aplicativos que a população informasse, em tempo real, o que ocorre com o serviço de limpeza, de iluminação, com a qualidade da pavimentação etc.

Talvez alguns tenham, mas creio que a maioria ainda não. Eis mais uma oportunidade. Ah! Tem que trabalhar? Sim, se você não quiser sair da zona de conforto e assumir os riscos de uma transformação pessoal, desista. Empreender tem o bônus, mas também o ônus. Só vencem os que souberem arriscar.

MEGATENDÊNCIAS TECNOLÓGICAS

Esse grupo de tendências, aquele mais percebido por toda a população em curto e médio prazo, é a maior característica da Quarta Revolução Industrial. O avanço tecnológico contribui para várias outras macrotendências, como as econômicas, as sociais e as legais. As inovações tecnológicas trouxeram ao mundo transformações irreversíveis, mas não definitivas, pois as melhorias em cada uma delas não param de ocorrer e, assim, sempre surgem novas que rompem com o que existe até então. Foi assim com a computação, a internet, a telefonia móvel, a impressão 3G, a nanotecnologia e tantas outras inovações.

O aperfeiçoamento de cada produto ou serviço costuma aparecer por meio de novas versões, que já nos parecem normais de acontecerem. Os celulares representam um típico produto que evolui, incrementalmente, e com tecnologias novas. As bandas de celulares de 3G, 4G e 5G exemplificam isso. Essas tecnologias fazem com que os fabricantes de smartphones tenham que desenvolver e colocar no mercado, rapidamente, novas versões de seus produtos, capazes de operar com os novos requisitos de conexão e a infinidade de aplicativos que operam com eles. A concorrência acelera o processo. Já se pode imaginar que em algum momento, não tão distante, teremos a 6G também. Por ora, aqui sequer temos disponível a 5G e deve demorar até que ela chegue. Talvez a 6G venha com outro nome, mas será com uma velocidade de conexão muito além da 5G, bem maior que a diferença desta em relação à 4G.

Talvez na próxima década, a computação quântica venha a estar presente na maioria das grandes empresas, instituições de ensino, governos e, quem sabe, o acesso domiciliar a esta avançadíssima tecnologia venha a ser possível. Estou escrevendo este texto no meu aplicativo Word, devidamente instalado no meu notebook. Até quando esse será o modo usual de se escrever textos? Será possível que em breve venhamos a ter provedores correntes de computação quântica para uso empresarial e residencial? Imagino que os computadores individuais — desktops e notebooks — possam virar objetos de museus, caso essa possibilidade se confirme. Acredito que a computação quântica precise de uma conexão 6G, por exemplo. Mas isso é imaginação minha, que não sou especialista nessa área.

As tecnologias desta megatransformação digital já estão conceituadas no capítulo que trata da Quarta Revolução Industrial e algumas delas estão abordadas com pouco mais de conteúdo, na sequência da introdução sobre megatendências tecnológicas. Foram contempladas, nesse intuito, a questão da conectividade da telefonia móvel, a Internet das Coisas, a inteligência artificial e a impressão 3D. São tantas as áreas de conhecimento que usam tecnologias disruptivas, que fica impossível abordar boa parte delas. Nanotecnologia, biogenética, robótica, realidade virtual e aumentada e tantas outras ficam como sugestão para que cada um que se interesse por elas invista seu tempo nisso. Conhecimento é um bem preciosíssimo, um ativo de exceção, pois jamais se deprecia. Ainda que o conteúdo esteja sempre evoluindo, ninguém nos tira aquilo que conhecemos e armazenamos em nosso disco rígido humano, nosso cérebro.

Em Xangai, o China Construction Bank (CCB)[XXVIII] inaugurou uma filial, em 2018, totalmente dirigida por robôs sorridentes. A agência é administrada por tecnologia aplicada de reconhecimento facial e de voz, realidade virtual e inteligência artificial. Ao adentrar na agência, o robô reconhece a voz do cliente, e 90% das operações que são feitas em agências com atendimento humano são realizadas por robôs. Quando houver necessidade de um atendimento humano, o cliente é convidado para se dirigir a uma sala VIP onde é conectado a um gerente de relacionamento com clientes via link de vídeo. Esse é um caso real de tecnologia de última geração aplicada no mundo dos negócios. A criatividade humana é ilimitada. Quando os recursos disponíveis são aproveitados, provocam inovações destacáveis. É sobre isso que vou tratar na sequência.

Corroborando com a questão da importância da tecnologia em nosso mundo, segue uma lista das marcas mais valiosas, de acordo com a BrandZTM 2020,[XXIX] com seus respectivos valores em bilhões de dólares norte-americanos (US$), além do crescimento desse valor em relação ao ano de 2019, respectivamente:

- Amazon (Varejo) ... 415,8 ... 32%;
- Apple (Tecnologia) ... 352,2 ... 14%;
- Microsoft (Tecnologia) ... 326,5 ... 30%;
- Google (Tecnologia) ... 323,6 ... 5%;
- Visa (Pagamentos) ... 186,8 ... 5%;
- Alibaba (Varejo) ... 152,5 ... 16%;
- Tencent (Tecnologia) ... 150,9 ... 15%;
- Facebook (Tecnologia) ... 147,1 ... -7%;
- McDonald's (Fast Food) ... 129,3 ... -1%;
- MasterCard (Pagamentos) ... 108,1 ... 18%;
- TOTAL .... 2.289,8 bilhões de dólares (**USD 2,29 trilhões**).

O valor total das 10 marcas mais valiosas do mundo supera o PIB de 212 países, individualmente, de um total de 225, segundo o Inexmundi,[xxx] ficando à frente de países como Turquia, Coreia do Sul, Espanha, Arábia Saudita, Canadá e Austrália. O valor total das top 10 corresponde a duas vezes e meia o valor do PIB da Argentina. O valor da marca Amazon, sozinha, figuraria em 47º na lista do ranking pelo PIB dos 225 países, superando 178 países.

Somente as cinco empresas do setor de tecnologia, das Top 10, totalizam 1,6 trilhões de dólares de valor de marca. Dessas top 10, as empresas de tecnologia representam 71%, em valor. São números impressionantes. A pandemia de 2020 parece não ter abalado a maioria dessas empresas. Bem ao contrário, algumas delas viram suas marcas crescerem em dois dígitos. Mas as empresas de varejo e de pagamentos são altamente tecnológicas, embora vendam milhões de itens de produtos e serviços físicos e digitais distintos. As de pagamentos também lidam com sistemas de TI poderosos. A inteligência artificial está presente nos recursos empregados por todas essas 10 empresas. Provavelmente, das top 100 também. Fica claro que somos dependentes dessas tecnologias. Durante o isolamento corporal atual, os serviços das referidas empresas passaram a ser mais importantes do que já vinham sendo. Na verdade, elas se tornaram essenciais em nossas vidas. Nas top 20, as empresas de tecnologia seguem predominando.

Para reforçar, ainda mais, a importância da tecnologia no mundo atual, a qual será acentuada fortemente nos próximos anos, a Revista Forbes publicou a lista dos 20 maiores bilionários mundiais, em 2020, segundo matéria divulgada pela revista *Exame*.[XXXI] A fortuna pessoal de cada um desses indivíduos vai de US$38,1 bilhões (20º lugar) até US$113 bilhões, para o primeiro lugar. Na liderança está Jeff Bezos (EUA), da Amazon; em segundo lugar, Bill Gates (EUA), da Microsoft; e em terceiro, Bernard Arnault e família (França), da LVMH. Outros nomes bastante conhecidos figuram nesta lista, tais como: Warren Buffett (4º), Mark Zuckerberg (7º), Jim Walton (8º), Steve Ballmer (11º), Carlos Slim (14º), Michael Bloomberg (16º) e Jack Ma (17º). Segundo a fonte, o mundo tem 2.095 bilionários.

Interessante dizer que vários deles perderam parte de suas fortunas na presente pandemia. A perda dos bilionários foi de 8 trilhões e 700 bilhões de dólares, em relação a 2019. Dentre os Top 10, o único que não viu sua fortuna diminuir nesse período foi Jeff Bezos, CEO da Amazon. Examinando com atenção a lista dos Top 20, percebe-se que nove são do setor de tecnologia e um de telecomunicações, que também poderia ser inserido no mesmo grupo. Assim, a metade dos 20 mais ricos do mundo estão vinculados em sua atividade com a tecnologia digital. Chama a atenção que desses 20 mais ricos, 3 são da Walmart, os quais ocupam da 8ª a 10ª posição do ranking Forbes. Outro fato que chamou a atenção, é que desses 20 bilionários apenas 2 são mulheres. Dei-me o trabalho de somar a fortuna total desses 20 mais ricos do mundo e cheguei à cifra de US$1 trilhão, 140 milhões, o que dá uma média, entre os Top 20, na ordem de US$57 bilhões para cada bilionário. É uma cifra espantosa.

De acordo com o PIB per capita[XXXII] de alguns países (2019), em US$, selecionei, propositalmente, alguns países do ranking. Relacionando esses números com a média das fortunas das 20 pessoas mais ricas do mundo, fiz as seguintes considerações:

PIB/capita em US$:

- 1º Luxemburgo ... 111.062;
- 10º Estados Unidos ... 55.809;
- 17º Japão ... 49.188;
- 18º Alemanha ... 47.628;
- **67º Brasil** ... 11.122;
- 77º China ... 8.254;
- 136º Índia ... 2.169.

Os últimos países da lista, aqueles mais pobres do planeta, todos com PIB per capita inferior a US$1.000, são majoritariamente da África. Dividindo o quanto cada bilionário da lista dos Top 20 tem de PIB, na média (57 bilhões de dólares por ano), pelo PIB per capita desses países acima relacionados, se obtém a equivalência de quantas pessoas desses países, somadas, seriam necessárias para se chegar na média dos 57 bilhões de dólares dos mais ricos do planeta:

- Luxemburgo ... **513** pessoas;
- Estados Unidos ... **1.021** pessoas;
- Japão ... **1.159** pessoas;
- Alemanha ... **1.197** pessoas;
- Brasil ... **5.125** pessoas;
- China ... **6.906** pessoas;
- **Índia ... 26.279** pessoas.

Para Burundi, o país de menor PIB per capita (US$208), temos a equivalência para **274 mil** pessoas. O leitor, certamente, pode se perguntar qual a razão desses números. Em primeiro lugar, a metade dos 20 indivíduos mais ricos do planeta está ligada à tecnologia. Há 50 anos, a maioria deles, ou de suas empresas, sequer existiam. Esse tipo de tecnologia a que os dados se referem é atual. As fortunas desses acionistas tendem a crescer mais e mais, com o passar do tempo, superando as dos negócios tradicionais, como varejo e alimentação, que crescem organicamente. Fábricas tradicionais, como GM, GE, Ford e outras, foram suplantadas pelas empresas de tecnologia, em valor de marca. Contra o fato da relevância crescente e dominante da tecnologia sobre o mundo dos negócios e de nossas vidas, as evidências estão demonstradas, reforçadas pela riqueza acumulada desses bilionários. Em segundo lugar, o crescimento dessas empresas de tecnologia vai se acelerar cada vez mais, reforçando a megatendência de tudo o que se relaciona com a tecnologia. Serve, ainda, para enfatizar mais uma vez que tudo indica que a dependência desses recursos em nossas vidas é tal que nenhum minuto se pode perder para aprender a lidar com suas aplicações no quotidiano.

As informações acima trazem um acréscimo de conhecimento e comprovam que as megatendências tecnológicas são fundamentais em qualquer análise de cenário futuro. Com essas poderosas corporações, o volume investido de recursos em inovações representa uma reafirmação de que a civilização presenciará um desenvolvimento acelerado e exponencial nos próximos anos. Sequer alguém pode imaginar o que esse conjunto de empresas colocará de novidades no mercado. É preciso aprender a lidar com mais e mais novidades a cada ano. Isso é inevitável e reforça a ideia de que ninguém deve parar de acompanhar essa evolução toda que está acontecendo, sob pena de não mais conseguir participar, ativa e plenamente, da sociedade. É difícil recuperar um tempo perdido e muitas inovações são incrementais. Se usar, corretamente, um aparelho ou um aplicativo, não terá muitas dificuldades para usar a versão seguinte.

Faço uma alusão a uma cena hipotética de que uma pessoa que tenha estado em coma pelos últimos 30 anos e viesse a acordar agora, em sua plenitude de capacidade intelectual e física. Ela levaria um bom tempo para entender o que é e para que serve a internet. O celular seria um assombro para ela. Talvez no dia seguinte fosse se preparar para ir ao banco e perder uma hora na fila para pagar contas. Quando alguém lhe fosse sugerir para pegar um Uber, ela entraria em colapso nervoso. Já exausta, pediria para ser levada para casa para ter um momento relaxante posicionando-se na frente da TV para assistir a certos programas de televisão. Mal sabe ela que eles não existem mais e nem os canais, possivelmente. O familiar sugere assistir a um filme, da categoria que ela mais gostar. Pode ainda variar entre o Prime, da Amazon, e a Netflix.

Explicar a essa pessoa que ela pode ver o filme na hora que bem entender, inclusive parar e retomar quando quiser, do ponto que parou, e que pode assistir em diferentes equipamentos, pode ser um tanto trabalhoso. Aí a pessoa começa a perguntar por amigos que conhecia. O familiar se prontifica para ajudar a encontrá-los. Abre o Facebook, o Instagram e o LinkedIn. Posso imaginar sua cara de incredulidade. Ela começa a fazer perguntas, que são todas, prontamente, respondidas pela Siri e pelo Google. No outro dia, tendo descansado bem, vai a procura de seus discos. Estava querendo ouvir suas bandas preferidas dos anos 90. Alguém lhe mostra que os discos em vinil e os CDs são pouco usados hoje, ficando mais por conta de aficionados e colecionadores e que, na prática, o YouTube pode mostrar os vídeos das músicas que gostaria de ouvir. Mais do que isso, ela pode escutar a música que quiser no Deezer, Apple Play, Spotify ou outro aplicativo de streaming. É tanta novidade acumulada em apenas três décadas, que obrigaria essa pessoa a dedicar um tempo importante para aprender o modo de vida de 2020 e ser capaz de participar desse mundo. Vou além nesse exercício de imaginação. É, meramente, um processo fantasioso, mas que ilustra o propósito deste livro, que é o de alertar as pessoas para que não deixem de estar atualizadas com o que acontece em plena Quarta Revolução Industrial.

Agora, outra pessoa fica em coma por três décadas, no mesmo processo da anterior, e acorda em 2050. Para sair do hospital, o familiar vai olhar para uma máquina com captura facial e de retina e o pagamento das despesas será em criptomoedas da conta do Banco Universal, e será feito automaticamente. O "recém-nascido" sentirá medo de entrar em um veículo tipo drone autônomo. Pensando nisso, o familiar prefere usar um Uber, também autônomo. Já no interior do veículo, a voz de um robô pergunta se ele quer ler as últimas notícias. Com a afirmativa, o familiar lhe mostra como fazer. Com as mãos no ar, em um gesto específico, abre uma imagem holográfica (tridimensional) de um jornal, tudo digital e em 3D, que se abre em frente ao leitor. No ar mesmo. Nada físico, tudo virtual. Será que essa pessoa imagina chegar em casa e assistir ao seu filme no Netflix? Louca para passar um Whastapp para os amigos, imagino. Espanta-se ao saber que agora essas redes sociais são em realidade virtual aumentada e que a maioria de seus conhecidos ainda vive, mesmo tendo passado três décadas desde que adormeceu em seu estado de coma profundo. A medicina fazendo milagres, pensa. Fica mais intrigado com o fato de que os aplicativos são todos chineses, mas todos com tradução simultânea para qualquer idioma. Até para um exercício de ficção fica difícil de imaginar tanta mudança. É uma gigantesca transformação em apenas 30 anos. Um nascido em 2000 pode repetir essa cena em 2020, mas entra em coma por 80 anos. Acorda em 2100. Será que alguém, de algum outro planeta ou de uma estação espacial da sucessora da Tesla virá buscá-la em sua residência?

Para completar o exercício de abstração mental, um jovem de 20 anos de idade aventurou-se em uma mata virgem e se vê diante de uma gruta. Nesse devaneio ilustrativo, o personagem encontra uma máquina do tempo. Inicialmente, não entende para que serve aquilo, mas como é bem inteligente tenta decifrar os desenhos. Tem a esperança de que sejam sobre o modo de operar a tal máquina e se arrisca a experimentar. Pressiona alguns botões e entra na máquina, que é acionada automaticamente. Em um tempo ínfimo, ele aparece em 1920. Sim, voltou 100 anos no tempo. O jovem era um ótimo usuário de jogos digitais e tinha um bom trânsito nas redes sociais. Leva um tempo para descobrir que estava no interior do próprio país, o qual era muito mais pobre. Precisava se acostumar com a língua, a mesma da sua, mas com características de um século atrás. Até as línguas estão em constante modificação. Ele se indaga quanto a duração da experiência, se será por minutos, ou horas apenas. Quando aventa da possibilidade dele nunca mais sair dali, ou melhor da época em que se encontra, bate um certo desespero. A grande dificuldade dele é o que fazer para viver. Começa, então, a procurar emprego e as profissões da época necessitam de habilidades que ele não tinha. Boa parte dos ofícios do início do século passado sequer existem em 2020. Conseguiu uma permissão, como favor, para dormir no galpão de um ferreiro por uns dias, até que conseguisse trabalho e alguma renda para pagar o aluguel em algum quarto de pensão. Ele ajuda o ferreiro, trabalhando em uma profissão que exige músculos fortes e mãos calejadas, tudo o que não tinha. Tenta, mas aquilo não é para ele. Suas mãos se enchem de bolhas, seus olhos ardem pelos fumos da fundição e passa a tossir incessantemente. Os músculos de todo o corpo doem muito. Até para respirar sente dor e, a cada tossida, sua fraca musculatura peitoral e abdominal acusam sua fragilidade sem perdão.

No outro dia, sai a procura de algo que não exija tanto esforço físico. Viu uma vaga para alimentador de caldeira de um trem. É aquela profissão que o trabalhador fica colocando o carvão, de pá em pá, para queimar e com isso gerar calor para produzir vapor e mover a locomotiva. Percebendo logo que não se adaptaria, segue procurando alguma vaga. Encontra uma, que, finalmente, não exige muito esforço físico, era para auxiliar de alfaiate. Ele entra na alfaiataria e o dono, com sua fita métrica pendurada no pescoço e uma tesoura robusta na mão, vem ao seu encontro. Nada do que o homem perguntou ao jovem, em termos de experiência e habilidades, atendia aos requisitos mínimos para trabalhar naquela atividade. Frustrado e já bem esgotado, física e mentalmente, sai a caminhar sem destino e encontra alguns jovens conversando na rua. Para e lhes pede recomendações de emprego. Um deles sabia de um vizinho que precisava de mais trabalhadores na lavoura, que estava em época de ser colhida. Ficava a uma hora dali, se ele fosse caminhando. O pobre jovem se tocou para o local indicado. A cada passo, mais saudade do Uber. Chegando no destino, foi aceito de imediato, recebeu as ferramentas necessárias para ajudar na colheita e foi logo à labuta. Era um trabalho braçal. Depois de um dia de dedicação, uma dor inquietante tomou conta de suas costas. A coluna havia sido exigida em demasia. As bolhas que adquirira na ferragem, e estavam curando, agora viraram feridas. Ele, sem vislumbrar uma alternativa para obter seu sustento, decide que teria que enfrentar aquele desafio, de sol a sol, com todas as suas forças. Era a sua indiscutível realidade. Dormia no curral da própria pequena fazenda, no meio das palhas de milho, ratos e temeroso de uma cobra cruzar pelo seu corpo. Pelo menos, lá tinha suas três refeições diárias e assim permaneceu um tempo.

A saudade da família e dos amigos era algo constante nos dias que se amontoavam nesse "exílio". O jovem não via a hora de ser recolhido por aquela máquina do tempo e levado de volta para a época e local original de sua vida. Nada daquilo que sabia lidar tão bem, relacionado com a tecnologia digital, servia para alguma coisa na época em que se encontrava. O automóvel havia sido recém-introduzido no mercado, o transporte de tração animal era preponderante, ainda mais no meio rural. O conflito entre o setor desse transporte e aquele que viria a substituí-lo era flagrante. Há pouco havia terminado a Primeira Grande Guerra Mundial. As cicatrizes e os danos eram marcantes na sociedade da época. Ela estava se reconstruindo. O jovem se mostrava compelido a contar tudo aquilo que sabia sobre o futuro, lá da época de onde veio. Precisaria de dias para contar aos seus novos amigos, em 1920, sobre o que eram TV, celular, internet, mídias sociais, plataformas digitais, como eram as lives, os aviões, os automóveis, a medicina, o cartão de crédito, enfim, um mundo muitíssimo diferente. Após ser reinserido naquele contexto do pós-guerra, não seria imprudente ao ponto de contar sua história. Seria tachado de louco e não é possível saber como terminaria a sua existência. Espero que o exercício possa deixar mais claro ainda o quanto o mundo tem se transformado.

A mudança nos últimos 100 anos é algo tão grandioso que não temos como imaginar o quadro, completamente, mesmo tendo acesso aos registros da história recente, com todos os detalhes. Feita essa reflexão, o exercício me leva a esperar que seja possível convencer você — se ainda não estiver convencido — de que, nos próximos anos, o mundo mudará tanto que ninguém deverá se alijar das mudanças ao tempo em que elas vão acontecendo. Não espere para aprender mais adiante. Adiar o aprendizado pode ser "fatal". Na analogia da volta no tempo para o jovem, é como trazer alguém de 1920 para o mundo de 2020. Ele não teria como se adaptar. É tudo muito diferente. Quando estudamos sobre as megatendências para os próximos anos e décadas, nos preparamos melhor para lidar com as grandes transformações.

Ao certo não se pode prever, com um bom índice de acerto, o que poderá existir no futuro, em tão longo prazo. Mas, para uma ou duas décadas, é mais factível de se prever algumas conquistas tecnológicas. O veículo autônomo, já desenvolvido atualmente, tende a se converter em uma realidade bastante comum daqui a 20 ou 30 anos. Creio que ninguém possa duvidar disso. Se alguém tem uma perspectiva de vida de pelo menos 10 anos, o que é muito pouco para a maioria das pessoas de hoje, essa pessoa pode ficar atenta às megatendências, a fim de usufruir de tanta coisa boa pela frente, com qualidade de vida notável. Podemos ser mais felizes, se fizermos a nossa parte.

CONECTIVIDADE E O SMARTPHONE

Toda essa transformação que estamos enfrentando depende muito da conectividade. Brynjolfsson e McAfee (2014) destacam como consequências desta nova era, tanto a inteligência artificial, capaz até de interagir, cognitivamente, como a conexão digital da maioria das pessoas do nosso planeta. Os smartphones, e a IoT oferecendo alternativas ao próprio smartphone, como roupas, relógios, ou outros objetos farão o papel de servir como nosso "equipamento" de comunicação. É de se pressupor que, cada vez mais, as conexões possam circular com grande quantidade de dados e em velocidades sempre maiores. Tivemos as tecnologias pioneiras do serviço de telefonia móvel, a 1G e a 2G, lá na década de 1990. Limitadíssimos, os dispositivos móveis evoluíram para a conexão 3G, mais rápida que a versão anterior, a qual permite transmissão de dados de voz e serviços de navegação pela internet, atingindo cerca de 95% dos municípios brasileiros. A seguir passamos a usufruir da conexão 4G, mais rápida em muitas vezes — entre 10 e 20 vezes mais — do que as anteriores. A 4G possibilita que mais pessoas se mantenham conectadas, sem perder a qualidade do sinal. De acordo com Tilt,[XXXIII] ela prioriza o tráfego de dados, enquanto a 3G foca o tráfego de voz.

Esperamos ter, em pouco tempo, aqui no Brasil, a tecnologia de conexão 5G, no mínimo 10 vezes mais rápida do que a 4G, sendo mais veloz e de melhor qualidade. Será com ela que veículos autônomos poderão se converter em realidade. Nem dispomos ainda do 5G por aqui e na China já estão desenvolvendo uma tecnologia, a 6G, que se estima ter velocidade milhares de vezes maior do que o 5G. Característica de instantaneidade. Como toda tecnologia de ponta, uma vez desenvolvida, ela precisa que os fabricantes de dispositivos móveis e equipamentos de transmissão e geração de energia se desenvolvam para poderem efetivar o 6G. É possível imaginar a corrida tecnológica dos fabricantes de chips para que os aparelhos móveis possam ser conectados por essa futura tecnologia. Em verdade, acredito que o aparelho será outro, pois aquele que funciona com 5G não será capaz de operar a tecnologia do 6G.

A Quarta Revolução Industrial integra diferentes máquinas e equipamentos dentro de uma fábrica por meio da IoT. Para tal, uma rede de wi-fi de alto desempenho é necessária, mas a tecnologia 5G trará resposta adequada para tal problema. Nas nossas residências, o processo será similar. Tudo interconectado, geladeira, fogão, micro-ondas, máquinas de lavar e secar roupa, ar-condicionado, som, televisor, notebook, máquina de café e tudo mais. Antes de você chegar em casa, já transmite as instruções para as máquinas. Assim, quando adentrar em sua residência, seu café já estará pronto, a temperatura ajustada de acordo com sua preferência e aquela música escolhida será executada. Em alguns lugares do mundo, a questão já é realidade, mas falta uma abrangência global a esse tipo de benefício da IoT.

Convém reiterar o que já havia sido dito: as tecnologias andam de mãos dadas e umas precisam das outras. Sem a inteligência artificial e uma boa conectividade, a IoT pode não funcionar. Os benefícios de uma roupa conectada digitalmente, pela qual seremos informados de nossa pressão arterial, da temperatura corporal, batimento cardíaco e da umidade, funciona de modo similar ao que já fazem alguns dispositivos avulsos, atualmente. Esse processo aumenta o controle das nossas variáveis e, com isso, monitora nossa saúde. Se estivermos sozinhos e formos acometidos por um infarto, o socorro médico virá sem que alguém precise solicitar, pois a "máquina" se encarregará de fazê-lo. A roupa saberá se comunicar com seu celular e, diante de qualquer anormalidade, seu clínico ou algum serviço de emergência médica será acionado automaticamente. Schwab (2017) comenta que os pais poderão exercer melhor controle sobre suas crianças, nas 24 horas do dia, com toda sorte de novos recursos sendo disponibilizados à população.

A conectividade também se apresenta de outra forma, pela RFID. Alguns grandes centros de logística, supermercados e lojas de departamentos já se utilizam desta tecnologia, onde cada artigo contém uma etiqueta inteligente e o ambiente precisa contar com antenas de rádio e dispositivo de leitura. Assim, quem vai a uma loja coloca suas compras no seu carrinho e, na hora de sair da loja, não há mais um atendente de caixa, que precisa passar o leitor de código de barras em cada produto, tecnologia essa que já tem cinco décadas. Com a RFID, um leitor registrará tudo o que você comprou, sem precisar tirar suas compras do carrinho. A área administrativa será informada do tipo de cada artigo e da respectiva quantidade. Automaticamente, sua nota será emitida e enviada ao seu smartphone. Os itens comprados serão baixados do estoque da loja, sem que qualquer pessoa precise executar essa tarefa. Em alguns países já são encontrados varejistas e centros de logística aplicando essa tecnologia, que vai sofrendo melhorias graduais e aos poucos se popularizando. Esse pequeno aparelhinho, o smartphone, representa um marco em termos de inovação. A telefonia móvel alcançou 70% da população mundial e com ela o acesso à internet.

A comunicação em poucos anos se elevou a patamares impensáveis no início deste milênio. Os recursos que os aparelhos oferecem, com a possibilidade de contarmos com inúmeros aplicativos, fizeram com que o dispositivo móvel mudasse o comércio internacional e a indústria eletrônica. Alguém pode se imaginar vivendo sem celular? Perder os contatos das redes sociais nos leva ao desespero. Como perder a oportunidade de saber o que nossos contatos — amigos e familiares — estão fazendo neste momento? Quais as roupas que estão vestindo? O que estão comendo? Com quem estão reunidos? Onde estão? — Esses são alguns dos temas que permeiam as redes sociais. Confesso que ainda não consegui entender bem a importância que isso tem nas nossas vidas. Será que agregam alguma coisa, ou apenas nos fazem passar o tempo? Também se sabe que quem não navega pode se sentir excluído e o bullying pode mostrar suas garras.

Convenhamos, que você ter a possibilidade de ir a algum lugar que nunca foi, usar aplicativos que lhe mostram o melhor caminho, tudo online, parece magia. Lembro-me do tempo de dirigir em algumas grandes capitais, usando um guia impresso, com mapas de todas as ruas da cidade. Tinha que fazer várias paradas no caminho para me situar e, claro, perguntar no posto de gasolina. Hoje sabemos a hora que vamos chegar, por qual estrada o movimento é menor e ainda podemos avisar a alguém para ir acompanhando o nosso trajeto em seu smartphone. O serviço de localização é genial. Graças à inteligência artificial e a toda tecnologia envolvida na conectividade.

O celular aproxima as pessoas, pois não há limites geográficos para a comunicação. Tirar fotos e postar nas redes virou mania mundial. Esse aparelho veio a substituir o negócio de filmes e câmeras fotográficas em velocidade espantosa, tamanha a efetividade e aceitação do pequeno equipamento. E as milhares de lojas de revelação de filmes? Sucumbiram ou mudaram o modelo de seu negócio.

Em contrapartida, proliferaram as lojas revendendo smartphones. Outras tantas surgiram ofertando acessórios para celulares. Aplicativos de transporte de pessoas só existem porque todos nós temos smartphones. Poderíamos até refletir sobre a razão pela qual o negócio de táxis foi abalado. Não foi o Uber que quase acabou com esse negócio, foi o smartphone, além do serviço não satisfatório prestado pelos taxistas de uma maneira geral.

Vou dar um pequeno exemplo de como o celular é importante, até para quem pensa em campanhas de marketing de qualquer serviço ou produto. Fui verificar no Google Ads como minha página com vídeos e gravações de músicas autorais, estava sendo acessada. Na estatística que me foi fornecida, apenas 2,9% dos acessos foram por computador, enquanto pelo celular foram impressionantes 97%. Talvez em outros itens não seja na mesma proporção, mas, mesmo aceitando isso, o fato é que a absoluta e arrasadora maioria das pessoas acessam seus vídeos por celular e não por outro meio.

As chamadas de vídeos representaram um salto de possibilidades. Nem só a chamada, mas a gravação de vídeos, com possibilidades de edição e lentes estão cada vez melhores. Tudo isso tornou este mimo imprescindível às nossas vidas. A qualidade da imagem não deixa nada a desejar às obsoletas câmeras digitais. A exceção acontece às profissionais, que, de igual sorte, apresentam melhorias incrementais diversas e com qualidade superior. A propósito, onde está meu celular? Alguém viu? Que desespero, mas foi só um susto. Estava no sofá. Que alívio! O que seria de mim sem ele? Se perdesse todos os meus contatos seria o fim do mundo e eu estaria acabado. Alguém já participou de uma cena dessas?

Pois é, esse é o objeto mais importante em nossas vidas, mas será que também ele não está com os dias contados? Há quem o diga. As roupas dotadas de dispositivos conectados à internet substituirão o smartphone que hoje usamos. Não se pode duvidar disso. Existe um apego especial em relação a eles, que não será fácil perder. Afinal, eles fazem parte de nosso corpo.

A INTERNET DAS COISAS E A INTELIGÊNCIA ARTIFICIAL

A IoT ainda é bastante incompreendida. Não percebemos bem as aplicações dela na rotina de nossos dias. Mas, afinal, o que vem a ser esta IoT? Os objetos podem se comunicar entre si, desde que contenham chips, sensores e softwares apropriados. Também é necessário um meio de se comunicar e, dentre outros, temos a rede de wi-fi e o Bluetooth. Roupas que vão interagir com nosso corpo, sabendo a cada instante a nossa temperatura, conhecendo a ideal, e nos informando a hora, vão substituir o celular, inclusive. Aliás, o smartphone pode estar com os dias contados. Difícil imaginar que algo assim venha a acontecer, mas não é de se duvidar. Nos apegamos a ele mais do que a qualquer outra coisa. Nossa vida depende dele. Não obstante, a comunicação pessoal se dará por meio de vários tipos de objetos e boa parte das tarefas diretamente, como abrir a porta de casa, acender ou apagar uma lâmpada, ligar o ar-condicionado, conhecer o estoque da geladeira, deixar aquela cerveja na temperatura que mais gosta, solicitar lista de compras para você, ou passá-la para a loja ou supermercado. Sua encomenda será entregue na sua residência, ainda que você não tenha feito o pedido pessoalmente. Quando você for sair de casa, já fala para seu casaco daquelas instruções, como ligar seu carro e informa aonde vai querer ir com seu carro autônomo. Esse deixará você bem confortável, tocando o tipo de música que mais aprecia, na temperatura ambiente que mais lhe agrada, ou também será possível viajar dormindo, se for esta a opção. O risco de acidente será, praticamente, nulo. A IA comandará as ações que os objetos realizam, pois eles se comunicam uns com os outros por meio da tecnologia da IoT e, mais do que isso, todo esse sistema vai aprendendo com a experiência adquirida, configurando-se no que se chama de Machine Learning.

A IoT aliada à IA permitirá que as cidades se tornem inteligentes, com aperfeiçoamento do controle do fluxo de veículos em suas avenidas e da iluminação pública, que aumentará a qualidade e com menor custo. Quando uma viatura da polícia, uma ambulância ou um carro dos bombeiros estiver em ação pelas ruas, o sistema privilegiará as rotas para que esses veículos peguem somente sinal verde nos semáforos. A segurança pública atingirá patamares jamais percebidos pelas atuais gerações, contando com monitoramento de alta resolução de imagens e reconhecimento facial. Pessoas febris serão detectadas nas vias públicas e as providências tomadas. Espero viver o suficiente para ver minha cidade assim. Meus filhos, certamente, usufruirão de toda essa conquista tecnológica. Já minhas netas verão o impensável. Só mesmo um grande autor de ficção científica para imaginar o mundo daqui a 50 ou 100 anos. O que se sabe, ao certo, é que será muito diferente.

Há um jogo chinês, o Go, criado há 2.500 anos, que é de uma complexidade ímpar, no que se refere às possibilidades de combinações. Algo quase tendendo ao infinito, por assim dizer. Um programa da Google de IA, o AlphaGo, venceu o melhor jogador do mundo, o chinês Ke Jie,[xxxiv] em partidas realizadas em 2017. Este feito teve um significado especial para as duas maiores potências econômicas. Os californianos tomaram a dianteira do desenvolvimento da IA. E os chineses tiveram aí o catalisador motivacional para avançar mais rapidamente nessa área da ciência do que já vinham fazendo. Houve um verdadeiro frenesi de IA na China. Jovens passaram a fazer especializações nessa área, proliferaram startups e os investimentos privados nesse ramo da tecnologia já beiram a casa dos 50% de tudo o que se investe no mundo, segundo retratado por Lee (2018). A dianteira tecnológica da IA é uma vantagem competitiva no cenário mundial que dificilmente permitirá que outro país alcance a China. Esse contexto aumenta, na verdade, o domínio tecnológico chinês sobre o mundo e a nossa dependência dele.

O cofundador da AOL, Steve Case (2017), trata de uma terceira onda, a "Internet de Tudo". Ela supera a Internet das Coisas, pois tudo em nossas vidas estará conectado. Parece surreal, mas para ele essa possibilidade já está aqui. Todas as coisas e pessoas estarão integrados à rede. O modo como aprendemos, como tratamos de nossas enfermidades, o jeito de lidar com nossas finanças, a maneira como nos locomovemos, exercitamos, nos alimentamos, enfim, tudo estará conectado a um grande sistema. As empresas vão sofrer rupturas. Por isso, as não inovadoras sucumbirão. O autor afirma ainda que para uma empresa começar na terceira onda ela deve, pelo menos, lidar com parcerias e cultivar a perseverança. Parece não haver nada de novo nesta solução apresentada. No entanto, o terceiro ponto que ele recomenda é o exercício da política, se tratando aqui de relações das empresas com os governos.

Este é um assunto vital para muitos segmentos, como o elétrico e de telecomunicações, para outros, nem tanto. Lidar com a política é um tema que exige uma série de cuidados e que precisa atender ao compliance[6] da empresa. Trabalhar com ética enobrece o homem e é com princípios que cada um deve seguir sua jornada empresarial. Uma maneira de ter acesso aos canais da política é via entidades de classe. Um sindicato patronal das indústrias metal-mecânicas, por exemplo, vai ter mais ouvintes atentos aos seus pleitos do que um empresário solitário, dono de uma pequena metalúrgica. Fica a orientação para os empreendedores que ainda não são partícipes em seus sindicatos, para que se associem e passem a frequentar suas entidades. Elas terão vozes para ecoar onde for preciso. Uma bandeira, como sugestão, seria a de um programa nacional de apoio à renovação do parque fabril de nossas indústrias, muitas das quais há anos não renovam suas máquinas e equipamentos. A obsolescência do parque fabril é um risco à nação. É preciso um programa que premie as inovações e a modernização de nossas empresas. Sem isso, seremos meros importadores e geradores de empregos em outros países, além de expectadores de desenvolvimento econômico em outras terras.

Tenho convivido a vida toda com empresas, na maioria dos casos com indústrias de transformação. Se me debruçar para ver quais são aquelas que detêm a cultura da inovação, verdadeiramente, será difícil apontar uma dúzia dentre uma centena delas. Não por falta de aviso. Há décadas se fala aos ventos de todos os quadrantes que é preciso inovar, pois sem isso, não terão longevidade. A inoperância na área é enorme, do pequeno ao médio empreendedor, principalmente. Tendem a ficar como estão, ou voltar ao estado anterior, com o sucateamento de suas fábricas. É compreensível que certas atividades fabris não possibilitem tantas opções de inovações em seus processos. O mercado remunera muito mal certos tipos de produtos e o retorno dos investimentos não mais se viabiliza, já que a concorrência ficou, demasiadamente, acirrada. O pequeno industrial não

---

6. Compliance de uma empresa é a área que cuida do cumprimento de todos às regras, normas e leis.

consegue escala, logo, não gera recursos suficientes para renovar seu parque fabril, muito menos para investir em tecnologias inovadoras. Os grandes conseguem, pois criam assim uma competitividade maior com o aumento de produtividade e produtos diferenciados. É uma barreira frente a concorrência. As máquinas novas são geralmente muito caras e trariam melhorias incrementais dos processos, mas em essência não seriam disruptivas. A engenhosidade humana pode e faz a diferença e é aí que reside o sucesso da inovação. Sem iniciativa e vontade para alcançar o novo, não se chega a lugar algum. Uma pena, pois a contribuição das pequenas empresas somadas à sociedade tem sido notável e por isso mesmo precisam seguir gerando empregos e riqueza.

A forma mais simples de driblar, internamente, essas dificuldades todas e com custo zero é criar um comitê da inovação, usando apenas os próprios talentos. Não é o ideal, mas é melhor do que nada. Esse comitê deve traçar objetivos e apresentá-los à diretoria. Uma vez aprovada uma ideia, devem elaborar um plano de ação e cumprir com o estabelecido. É uma sugestão ao alcance de qualquer empreendedor. Imagine uma pequena loja de roupas com cinco funcionários. Dois deles podem compor um peti comitê. Podem criar pequenos vídeos, em que as próprias vendedoras da loja atuam como modelo para mostrar as roupas, até mesmo as ofertas promocionais. Feito isso, divulgam os vídeos no blog da loja. Caso ainda não tivessem blog, seria essa a prioridade número um. Outro passo: fazer uma lista dos e-mails dos clientes e enviar os links para a clientela. Por favor, senhores empreendedores, invistam mais em pesquisa e desenvolvimento (P&D). Façam parcerias com centros de tecnologia, com universidades e até mesmo com fornecedores. Acordem, gente! Precisamos de vocês, a maior força empregadora de um país e a que melhor distribui renda. Vocês são vencedores e seus negócios precisam ser longevos para seu próprio bem, o da sua família e o de toda a comunidade!

Enquanto escrevo este livro, boa parte da população mundial está sitiada em seus lares para escapar dos efeitos da pandemia da Covid-19. Coincidentemente, eu e mais outros dois empreendedores resolvemos abrir uma nova empresa, com o propósito real de agregar valor sustentável às organizações. Isso foi bem no início da pandemia. Um vive no estado de SP, um na Flórida (EUA) e eu no RS.

As empresas, que ainda não fecharam suas portas para conter a pandemia, proibiram seus quadros de colaboradores, todos, de receber visitas externas, tais como vendedores, assessores, consultores e prestadores de serviços. Então, precisamos chegar até a diretoria destas empresas pelos meios digitais. Nós, os sócios, não podemos nos reunir fisicamente e, assim como todas as empresas estão fazendo, as reuniões são apenas online, cada um do seu lar, por meio de plataformas de videoconferências. Uma delas, o Skype, já é bastante conhecida no mercado e permite que várias pessoas em diferentes locais ouçam, vejam e compartilhem telas. Isso é possível apenas quando se dispõe de uma internet com velocidade de média a boa.

Em seguida, começamos a fazer uso de aplicativos mais atuais e me dei conta de que meu notebook estava lento, travando e era o próprio sinônimo de obsolescência tecnológica. Tive que encomendar um novo. Também precisei comprar o pacote de planilhas, apresentações e editor de textos atualizado, pois o meu software tinha 10 anos e o provedor havia comunicado que não mais faria atualizações dele. Os novos aplicativos não rodam neste velho software. Baixei o novo, então. Apelei pela assessoria de um profissional de TI para configurar meu novo brinquedo. Tive que adquirir um programa antivírus também. Tudo isso foi feito sem sair da cadeira. O técnico em TI me passava as coordenadas pelo Telegram e assumiu, remotamente, o meu note. O expert deixou meu hardware funcionando perfeitamente, e com tudo o que eu precisava instalado. Essa não é uma novidade em si, mas o novo é que quase todo mundo passou a usar a videoconferência e a ter que aprender como operar as distintas plataformas. Em dois dias, fui convidado a assistir às apresentações temáticas de meu interesse — os ditos webinars — e não eram por Skype, que eu já estava acostumado a usar há muito tempo. Era o aplicativo Zoom, que rapidamente se tornou conhecido. Já participei de vários desses encontros digitais e com, pelo menos, cinco aplicativos diferentes. Para poder trabalhar, é preciso aprender coisas novas, que qualquer um consegue, desde que tente e se proponha a aprender, a consultar quando não souber algo e, principalmente, a não ter medo, pois nem os softwares e nem os computadores vão nos fazer mal.

Crises costumam ser circunstanciais e se constituem em momentos propícios para mudanças. A ocasião enseja os decididos a buscar alternativas para novos projetos de vida, inclusive os de cunho profissional. No próprio exemplo, gastei um valor bem considerável pelas compras descritas para uma pequena estrutura de TI. Era o que precisava para me manter ativo e, juntamente com meus colegas, aproveitar a ociosidade e trabalhar no nosso próprio planejamento, nos nossos pilares estratégicos, na criação de produtos que possam ajudar os empresários a superar a maior dor que suas empresas estão enfrentando e que poderão piorar muito nos próximos meses, que é a geração e gestão do caixa financeiro. Sem vendas, e sem receitas, como gerenciar as disponibilidades? Esta é a prioridade maior do momento empresarial e das pessoas, individualmente. Quem tiver produto para entregar no local onde seu cliente se encontra driblará um pouco a crise econômica decorrente da pandemia. Quem não se deu conta ainda de que sua atividade pode ser feita a distância, como a do professor, do consultor e do médico para consultas simples, está perdendo o momento (timing).

Você pode aprender a consertar uma torneira assistindo a algum tutorial a respeito no YouTube e dessa forma resolver o problema de imediato e a custo mínimo. Não fazendo, perderá uma oportunidade de usar as ferramentas que a modernidade oferece e vai padecer, exaurir-se na dor e autocomplacência, frutos da sua inércia. Só há um caminho: aprender e fazer. Salvo um pequeno número de pessoas, a inteligência humana média não difere muito de uma pessoa a outra, o que vale para mais e para menos. Isso significa que se alguns conseguem aprender novos conhecimentos simples, não há razão, dentro da normalidade, para que você não consiga também. Novamente, depende somente de cada indivíduo.

A propósito, minha esposa hoje precisou realizar uma consulta com sua nutricionista e a fez pelo Telegram. Nesses dias de isolamento, eu resolvi participar como consultor voluntário de um projeto para ajudar pequenas e médias empresas em crise, pelo momento da pandemia. Todo o acompanhamento gerencial do projeto veio por meio de uma ferramenta chamada Trello,[xxxv] que ajuda na visualização das tarefas, na inserção de fotos, vídeos e documentos. Para aprender a usar esse aplicativo, lá fui eu recorrer ao YouTube para assistir a algum tutorial. No mesmo dia, já baixei o aplicativo tanto no notebook como no smartphone e consegui organizar um projeto com a ferramenta. Como um simples usuário, sem um conhecimento profundo de informática, posso me valer de incontáveis recursos gratuitos e disponíveis na internet, como foi o caso. Ora, se eu consegui, qualquer um pode conseguir. Você sabe por que muitas vezes nos diferenciamos dos concorrentes? Porque tentamos até conseguir. É preciso mudança de hábito, do jeito de ser, da mentalidade (mindset).

Por vezes, fico a refletir: Será que nossa vida não está demasiadamente facilitada? Seremos os senhores da tecnologia, ou seremos os escravos dela? O robô "Jarbas" fará tudo por nós, menos se sentar na nossa poltrona por longas e entediantes horas? Seremos sedentários e obesos ou, tendo mais tempo livre, nos exercitaremos mais? Aqui um parêntese, com outra recomendação: caminhe, pratique exercícios físicos, sem exageros. A mente estará melhor se o corpo estiver saudável.

Voltando à IA, tive a oportunidade de conversar com um amigo, juiz de direito, desembargador e vice-presidente do Tribunal Regional Federal (TRF) da 4ª Região, com sede em Porto Alegre (RS), o Dr. Luís Alberto d'Azevedo Aurvalle. Perguntei ao magistrado se a IA já estava sendo aplicada na justiça brasileira. A resposta foi animadora. Vários tribunais estão fazendo uso dela. O Supremo Tribunal Federal (STF) tem um programa de IA, chamado Vitor; o Superior Tribunal de Justiça (STJ) tem outro, o Atos; e os TRFs estão iniciando um trabalho com recursos de inteligência artificial. É certo que ainda de forma incipiente, mas promissora. Como a carga de processos em um tribunal é gigantesca, o programa ajuda a agrupar as similaridades entre os casos e seus recursos, facilitando, enormemente, o trabalho do juiz e de sua equipe de assessores. Esse trabalho de reunir os casos semelhantes têm gerado uma grande resposta à sociedade, por parte da justiça brasileira. Esses usos estão em fase inicial e mais aplicações podem ser esperadas. A IA aplicada a estes casos não julga, ela não substitui a função de quem exerce a profissão de direito, apenas otimiza seu trabalho, gerando grande eficiência.

Segundo o desembargador Aurvalle, no Brasil ainda não vemos os advogados se utilizarem da AI como em alguns outros países, onde, com este recurso tecnológico, monitoram as estatísticas das decisões históricas dos juízes a respeito de determinada causa. Com o uso desses algoritmos, o advogado pode saber, antecipadamente, como o juiz responsável pela causa em que esteja advogando costuma tomar suas decisões a respeito de um assunto. Dito de outra forma, são algoritmos que sinalizam a tendência de suas decisões. O advogado pode, então, mudar de estratégia para melhor atender ao seu cliente e aumentar a chance de êxito. Ele poderá estimar a probabilidade de sucesso na causa. O recurso, por si só, não vai afetar o mercado de trabalho dos advogados, mas vai passar a exigir que eles se especializem, e se capacitem, para poder usufruir dos recursos provenientes da IA e se destacar positivamente na sua atividade. E, quando a prática dessa tecnologia se consagrar no mercado brasileiro ou em qualquer país, aqueles advogados que não se atualizarem anteciparão suas mortes, o que não precisaria ocorrer. A transformação tecnológica está alcançando uma parcela importante das atividades profissionais. Logo, temos que acompanhar na mesma velocidade, sob pena de ficarmos sem trabalho ali adiante.

Esse exemplo relativo ao trabalho de um advogado pode ser refletido para inúmeras outras profissões. Hoje mesmo, falava com um amigo que é corretor de imóveis de uma grande empresa do setor, na cidade de Porto Alegre. Enquanto falávamos sobre o futuro da atividade dessa profissão, ele me enviou um arquivo de vídeo, onde você entra no imóvel, anda em qualquer direção, dentro dos outros ambientes, faz um giro de 360 graus, vai até a janela para ver como é a paisagem daquele imóvel, enfim, se move como quiser para explorar o apartamento. Isso é uma novidade? Não, definitivamente não, mas talvez para essa imobiliária, sim. Outras tantas ainda não contam com esse tipo de recurso. Em alguns anos ou décadas, a visita virtual será tridimensional, literalmente falando. Se você for um pouco para o lado, poderá ver o que está atrás de um objeto, como um vaso. Mais do que isso, sentirá o cheiro da madeira da mobília, o banheiro terá um cheiro de sabonete, ou de lavanda, ou daquele aroma que mais lhe agrada, pois o banco de dados a seu respeito já terá essa informação sua disponível. As paredes serão das cores das combinações que você mais gosta, pois o machine learning e a IA aprenderam com suas buscas por interiores de imóveis nos sites do mercado imobiliário. Você quer inovar e se distinguir no setor? Quer ser o primeiro a proporcionar tal serviço? Invista em inovação.

O cliente tendo esse recurso à disposição, vai poupar várias visitas, pois já terá uma pré-seleção daquilo que procura. Se menos visitas precisam ser realizadas, significa que menos corretores serão necessários para atender à demanda. É uma profissão de futuro muito incerto. Algum jovem que queira iniciar uma carreira, não deveria começar por essa. Mas ele poderá ser um especialista em tecnologia de dados para garimpar o público-alvo para os negócios imobiliários; quem sabe, ser um especialista em design virtual para prestar serviços às imobiliárias da região; ou, mesmo, um especialista em marketing digital, aquele que vai usar todas essas ferramentas e levar uma proposta de valor para cada público, de acordo com o que ele deseja, e ainda superar as expectativas desse cliente. A arte de vender será cada vez mais com o uso da inteligência dos negócios.

Se eu fosse bem jovem, preparando-me agora para a escolha de uma carreira, nem saberia qual o curso universitário escolheria, pois, com boa chance, a profissão buscada não estaria contemplada na lista dos cursos ofertados. Por isso, teria o cuidado de selecionar aquele com mais afinidade ao meu objetivo e depois trataria de seguir nos estudos, buscando especializações, dentro de áreas bem específicas.

O DINHEIRO

Na antiguidade, um pastor de ovelhas oferecia seu animal ou a carne dele em troca de verduras, roupas, utensílios, ferramentas, enfim, daquilo de que necessitava. Cada troca era uma negociação do tipo: "Ei, quero negociar com você. Ofereço dois machados e esse tacho de madeira pela sua ovelha." Também poderia trocar um serviço por um bem. "Se eu lhe ajudar a cavar este poço, o que você pode me dar em troca? Eu gostaria daquele bezerro." A barganha era livre e a falta de referenciais era evidente. Talvez um vizinho não aceitasse uma proposta por não achar que fosse justa, e outro poderia vê-la como vantajosa. Houve tempos em que o boi (Grécia antiga) era um referencial de valor. Os gregos faziam comparações entre o valor de um boi e a equivalência de outros bens. Os romanos e os etíopes usaram o sal como padrão de troca. Em algum momento, os metais começaram a servir de padrão e na sequência as moedas cunhadas, o que já vem de longo tempo.

O papel-moeda ainda empregado nos nossos dias, apresenta inúmeras desvantagens: custo para o emissor (Casa da Moeda), volume que ocupa, desgaste pelo manuseio, risco de perdas, risco de roubo, meio de contágio de doenças... Os cartões de crédito e débito vieram a resolver boa parte destes problemas e com vantagens. São amplamente aceitos no comércio em geral, que tem controle eficiente do sistema financeiro sobre o uso deles, ocupa pouco espaço e exige senha para ser utilizado, conferindo a ele uma maior segurança do que o dinheiro em espécie. O próprio banco se beneficia pelo fato de seus clientes usarem o cartão. A despesa de transporte de carros-fortes com dinheiro vivo diminui e, tendo menos dinheiro nas agências, elas se tornam menos atrativas às quadrilhas de assaltantes de bancos e pode contar com menor número de funcionários. Outra vantagem é que o emprego do cartão de crédito dá um prazo a seu usuário para que esse quite seus gastos acumulados no período. Como desvantagem, fica mais fácil de gastar mais, pois basta apresentar o tal cartão. Esta facilidade para alguns pode levar ao descontrole das despesas. A educação financeira é essencial nas nossas vidas. Temos um mundo para aprender nesta área. Vamos ensinar nossos filhos pequenos e adolescentes. Lhes será útil, por toda a vida.

Surge outra forma de pagamentos, com o uso de aplicativos eletrônicos para os smartphones, que se utilizam de QR Code. Você entra em uma loja, faz sua compra e, no lugar de dinheiro em espécie ou de cartão de crédito/débito, você paga com seu smartphone, que se conecta ao QR Code disposto na loja. Na China atual este meio é o dominante. O dinheiro em espécie e o cartão estão entrando em desuso. O Wechat Pay e o Alipay estão entre os mais usados naquele país, que está na dianteira desse processo. O Wechat atua como se fosse um WhatsApp. Você pode comprar por meio dele e pagar suas contas também, apenas para dar um pequeno exemplo. É uma disrupção enorme. De um dia para o outro surge um modo revolucionário para pagar contas e que não veio de nenhum banco ou de tradicionais empresas de cartões, que vinham dominando esse mercado por várias décadas. Para quem for visitar a China, convém se informar antes, para que possa pagar suas contas por lá. Negando isso, fique em casa. O problema para você, mais um, é que em algum momento próximo este novo formato de pagamentos vai dominar o mundo. Não perca a oportunidade de se familiarizar com seu smartphone; de descobrir como baixar aplicativos; de aprender como usá-los, se ainda não o sabe; e de assistir a vídeos pela internet, no YouTube, sobre como pagar contas na China. Mesmo que você nunca vá para aquele país, saberá como proceder quando o modo de pagamento eletrônico imperar no seu próprio território. Essa é uma mudança necessária de atitude para não morrer, para não depender o tempo todo de outros, que nem sempre estarão disponíveis. No Brasil, o uso de QR Code no celular já iniciou. Aliás, em novembro de 2020, o Banco Central do Brasil coordenou o lançamento junto ao Sistema Financeiro Nacional de uma ferramenta para realizar pagamentos, o PIX. Com ele, você pode pagar suas contas em qualquer dia da semana e em qualquer horário. Não tem custo algum, e é instantâneo. Um programa inovador, diga-se de passagem. Basta baixar o aplicativo PIX em seu celular e "voilà".

As empresas que exportam para a China, no mundo inteiro, costumam fazer suas transações em moeda forte, principalmente o dólar. Como a China também é um grande importador, ela está se organizando para que sua moeda, na modalidade digital, seja o padrão de suas transações com aquele país e não mais o dólar. Isso vai acontecer em breve e é uma mudança gigantesca no fluxo financeiro global. O dólar americano vai perder muita força com isso e a China vai fortalecer ainda mais seu papel de líder global da economia. É uma transformação e tanto que está por chegar logo mais.

Fato de relevância (fev-2021) foi a compra bilionária de 1,5 bilhão de dólares em Bitcoins (uma das tantas criptomoedas) feita pela Tesla. Esta é outra questão que tira o sono das autoridades monetárias e judiciárias no mundo. A falta de regulamentação é o grande entrave, mas para muitos detentores da moeda é aí que reside sua grande vantagem. Muito vamos ouvir falar nelas, e creio que as teremos em nossas transações financeiras, já que sua aceitação tende a aumentar.

A IMPRESSÃO EM 3D

A Quarta Revolução Industrial tem, em seu espectro de marcadores tecnológicos, uma fonte revolucionária de transformações digitais, que é um processo de produção de objetos tridimensionais. A partir de um arquivo digital, gerado por um software, conhecido como impressão 3D, já que opera nas três dimensões, quase tudo pode ser produzido. Como a tecnologia está mais acessível hoje, as atividades e os empregos gerados tendem a crescer muito nessa área e precisamos estar atentos a ela. Certamente seremos usuários de produtos feitos com essa tecnologia e com boa chance teremos a nossa impressora de modelo caseiro, assim como temos forno de micro-ondas, geladeira, fogão, computador... Ela é chamada também de prototipagem rápida e de manufatura ou fabricação aditiva.

Apesar dessa tecnologia de produção de peças tridimensionais ter sido inventada na década de 1980, diferentes processos e equipamentos de impressão em 3D foram desenvolvidos e patenteados, desde seu invento. Atualmente, os preços dessas máquinas estão muito menores do que há 10 anos, uma vez que as respectivas patentes já vêm perdendo seus prazos de validade. Compra-se uma impressora 3D, para uso caseiro ou pequenos negócios, desde 200 dólares dos Estados Unidos até cerca de 4 mil. Impressoras profissionais variam de 4 a 8 mil dólares. Tudo depende de qual, dentre as diversas tecnologias existentes, se está querendo aplicar, já que os processos são muitos. Depende ainda do peso e do tamanho da peça, do tipo de material e da escala de produção. Para uma produção de peças grandes, o preço se eleva consideravelmente. Mas uma máquina 3D necessita de softwares específicos. Existem alguns bem completos que são gratuitos (*open source*) e existem os que são pagos. Uma licença anual pode custar 200 dólares, como valor mínimo, dependendo do tipo de recurso desejado.

Para executar uma impressão de prototipagem rápida, além do software, é preciso ter o insumo (material) que vai produzir o objeto, uma máquina — a impressora 3D — e pessoas com habilidades específicas. O processo pode ser resumido em preparar o arquivo que vai instruir a máquina impressora a executar a operação. Ela exige uma configuração prévia para cada tipo de material que será processado e para cada objeto, especificamente. Estamos todos familiarizados com uma impressora de papel, mas fica um tanto difícil pensar como uma impressora 3D produz peças em três dimensões. Muito simplificadamente, a partir de um desenho projetado na tela de um computador, a operação é programada por meio do uso de um software para configurar o processo. Em seguida, o operador dá a instrução para a máquina começar a operar.

O tipo mais comum de impressora 3D usa um plástico fornecido na forma de filamento como matéria-prima, similar a um rolo de fio elétrico. O plástico é fundido e vai se depositando em finas camadas, umas sobre as outras, seguindo a instrução da configuração do equipamento pelo operador. Se alguém precisar de uma pulseira plástica, com uma superfície tipo pele de réptil, esse é o processo mais adequado para se confeccionar algo único, diferente de tudo o que já é ofertado no mercado. Imagino algum empreendedor vendendo modelos de bijuterias para os principais aplicativos de 3D do mercado. A propósito, essa é uma das vantagens desta tecnologia, a versatilidade e a flexibilidade de produzir incontáveis tipos diferentes de objetos, com a mesma máquina.

Os materiais não se restringem a diferentes resinas plásticas. Incluem-se aí ligas metálicas e concreto. É possível fabricar objetos únicos para quem precisar, ou desejar exclusividade. Se o objetivo é fazer disso um negócio, a mesma máquina pode ser configurada para repetir a operação a cada peça produzida. Por meio da impressão em 3D, fabrica-se desde objetos de decoração até peças com elevada rigidez e propriedades mecânicas. Vez por outra surge uma notícia do emprego da impressora 3D em produção de casas, aviões, ou outras aplicações de maior porte, tamanha a versatilidade dessa tecnologia. Mas bem mais intrigante é a produção de pele humana, a partir de tecido vivo. Para tratamento de queimaduras, é um alento.

Órgãos humanos complexos, como uma traqueia, são impossíveis de serem feitos nos tradicionais processos de prototipagem e usinagem, devido a sua complexidade tridimensional. É nesse ponto que reside a grande diferenciação dessa tecnologia digital. Outros tipos de aplicações incluem próteses humanas, mesmo as dentárias, produção de protótipos, moldes, modelagem de joias e calçados. A indústria de motores de veículos pode fazer protótipos a um custo muito menor e a um tempo incomparavelmente inferior do que se fosse fazer pelos meios tradicionais. Já há processos criados para a produção de comida que deverão revolucionar a forma como preparamos nossas refeições. Em breve, mais um equipamento de cozinha para nossa lista de encomendas ao Papai Noel. Isso transforma os processos e acelera a inovação. A precisão alcançada é mais uma característica vantajosa dessa tecnologia. Cada vez mais as indústrias desenvolvem e produzem produtos usando da impressão 3D. Já existe produção de alguns tipos especiais de tênis de marcas famosas na China, por meio desse processo. Não deve demorar para a manufatura, via impressão 3D, ganhar escala industrial.

Tratei de dar uma visão geral do que consiste esse propalado processo, que se encaixa como uma tecnologia digital disruptiva, há que se frisar. O tema é muito técnico e um mínimo de conhecimento geral sobre o assunto é importante, principalmente para ver que uma tecnologia, relativamente nova para o mercado em geral, abre inúmeras oportunidades ao ensino, à pesquisa, à indústria, aos empreendedores e para a geração de empregos. Para Schwab (2017), os impactos positivos da manufatura aditiva para a humanidade são imensos. A criatividade pode ser posta em prática, pois não precisará despender uma fortuna para produzir algum artigo, ficando mais democrática a área de desenvolvimento de novos produtos. Em decorrência, as inovações serão aceleradas, incrementais, combinadas e disruptivas. Uma nova indústria surge nesse contexto, aquela que vai prover os insumos, as máquinas, os acessórios, os softwares, as consultorias e assessorias técnicas.

A prototipagem rápida abre inúmeras possibilidades de negócios e vagas para profissionais. Técnicos de manutenção, de nível médio, que tenham um bom domínio de eletricidade e de mecânica podem se diferenciar dos seus milhares de concorrentes diretos com as mesmas habilidades e se capacitarem com cursos de sistemas de informática, como o de design em computador, o Computer Aided Design (CAD). Outros específicos que são recomendados, ou mesmo usados pelos fornecedores das máquinas, mereceriam um aprendizado. Sugiro que seja feito um contato com essas empresas, pedindo orientação sobre quais os softwares que precisariam conhecer bem o funcionamento para se habilitar como técnico de manutenção dessas máquinas 3D. Quem sabe essa mesma empresa demonstre interesse por um profissional que, espontaneamente, busque novas competências.

Os engenheiros de TI, igualmente, podem aprimorar seus conhecimentos das áreas técnicas empregadas na prototipagem rápida. Engenheiros mecânicos, assim como os técnicos de manutenção, têm um campo fértil para se desenvolverem nesta nova tecnologia, talvez fazendo a interface entre as diferentes áreas de conhecimento. Aos profissionais de engenharia química, eis uma possibilidade para pesquisarem novos materiais ou melhorias naqueles já usados como insumos na impressão 3D. Aos designers industriais da indústria de automóveis, de aviação, e de ciência aeroespacial, eis outro campo promissor. Engenheiros de alimentos, escultores, pesquisadores das ciências médicas, odontólogos especializados em próteses, médicos cirurgiões, para casos de transplantes de órgãos ou de implantes de pele, e tantas outras categorias profissionais poderão se valer desse crescimento promissor de uma nova área para eles. O campo é vasto.

As empresas de softwares e máquinas impressoras 3D precisam vender seus produtos e um profissional especializado é bem-visto por esse mercado. Nos EUA, existem websites específicos, que anunciam vagas para esse tipo de tecnologia e aos já possuem conhecimento e querem se candidatar a alguma oportunidade. Algo de muito revolucionário se iniciou há pouco tempo e esse negócio vai se expandir muito, até o momento de se tornar popular. Se não houver profissionais preparados e especializados, o negócio não evolui. Por isso, tenho a plena convicção de que reside aí uma bela chance que muitos buscam para terem um diferencial em suas carreiras. O que não é admissível é dizer que não tem emprego para sua profissão e se conformar com isso. Amplie seus conhecimentos, combine-o com suas competências e abrace uma nova profissão.

Figura 5: Profissões

Endnotes

I	<https://www.pwc.com.br/pt/estudos/preocupacoes-ceos/megatendencias/mudancas-demograficas-sociais.html>. Acesso em: 27 abr. 2020.
II	<http://rmmg.org/artigo/detalhes/467>. Acesso em: 20 abr. 2020. De Greco e Fonseca
III	<http://rmmg.org/artigo/detalhes/467>. Acesso em: 17 jul. 2020.
IV	<http://www.periodicos.usp.br/paideia/article/view/46646>. Acesso em: 17 ago. 2020.
V	<https://www.scielo.br/scielo.php?script=sci_arttext&pid=S0103-166X2008000400013>. Acesso em: 13 jul. 2020. SCHNEIDER, Rodolfo H, IRIGARAY, Tatiana Q.
VI	<https://istoe.com.br/os-superidosos/>. Acesso em: 13 jul. 2020.
VII	<http://portal.mec.gov.br/component/tags/tag/34487>. Acesso em: 16 jul. 2020.
VIII	<https://www12.senado.leg.br/noticias/materias/2011/04/18/bullying-causa-dor-exclusao-e-humilhacao>. Acesso em: 17 ago. 2020.
IX	<https://g1.globo.com/politica/operacao-lava-jato/>. Acesso em: 17 jul. 2020.
X	<https://www.foxbusiness.com/retail/features-retail-apocalypse-bankruptcy-stores-closing>. Acesso em: 04 mai. 2020.
XI	<https://www.investopedia.com/news/5-companies-amazon-killing/>. Acesso em: 04 mai. 2020.
XII	<https://www.youtube.com/watch?v=zlwLWfaAg-8>. Acesso em: 18 jul. 2020.
XIII	<https://link.estadao.com.br/noticias/empresas,com-alta-de-39-em-quatro-dias-tesla-vale-mais-que-gm-e-vw-juntas,70003185215>. Acesso em: 18 jul. 2020.
XIV	<https://www.inverse.com/innovation/hyperloop-elon-musk-next-event>. Acesso em: 17 jul. 2020.
XV	<https://feevale.br/graduacao/administracao/estrutura-curricular>. Acesso em: 1 jun. 2020.
XVI	<http://www.ufrgs.br/ufrgs/ensino/graduacao/cursos/exibeCurso?cod_curso=298>. Acesso em: 1 jun. 2020.
XVII	<https://uspdigital.usp.br/jupiterweb/listarGradeCurricular?codcg=2&codcur=2014&codhab=102&tipo=N>. Acesso em: 1 jun. 2020.
XVIII	<https://grow.google/certificates/>. Acesso em: 26 ago. 2020.
XIX	<https://www.sunoresearch.com.br/noticias/google-diploma-concorrencia-universidades/?utm_source=Telegram&utm_medium=sunoresearch&utm_campaign=googlelancacertificados.20200825>. Acesso em: 26 ago. 2020.
XX	<https://www.forbes.com/sites/camilomaldonado/2019/10/23/credit-suisse-top-1-own-nearly-50-of-global-wealth-and-chinas-wealthy-now-outnumber-americas/#4d964aa12ede>. Acesso em: 11 abr. 2020.
XXI	<https://cooperativismodecredito.coop.br/cenario-mundial/cenario-brasileiro/dados-consolidados-dos-sistemas-cooperativos/sistema-sicredi/>. Acesso em: 10 abr. 2020.
XXII	<https://www.sicredi.com.br/site/quem-somos>. Acesso em: 10 abr. 2020.
XXIII	<https://www.sicoob.com.br/web/sicoob/sistema-sicoob>. Acesso em: 10 abr. 2020.
XXIV	<https://www.ibge.gov.br/apps/populacao/projecao/index.html?utm_source=portal&utm_medium=popclock>. Acesso em: 05 abr. 2020.
XXV	<https://www.worldometers.info/world-population/>. Acesso em: 05 abr. 2020.

XXVI	<https://www.un.org/development/desa/publications/world-population-prospects-2019-highlights.html>. Acesso em: 5 abr. 2020.
XXVII	<https://population.un.org/wup/Download/>. Acesso em: 19 jul. 2020.
XXVIII	<https://www.scmp.com/business/companies/article/2141203/meet-new-face-branch-banking>. Acesso em: 16 jul. 2020.
XXIX	<https://www.inteligemcia.com.br/brandz-global-2020-marcas-mais-valiosas-do-mundo-totalizam-us5-trilhoes-em-2020/>. Acesso em: 15 jul. 2020.
XXX	<https://www.indexmundi.com/g/r.aspx?v=65&l=pt>. Acesso em: 15 jul. 2020.
XXXI	<https://exame.com/negocios/os-20-maiores-bilionarios-do-mundo-em-2020-segundo-a-forbes/>. Acesso em: 19 jul. 2020.
XXXII	<https://pt.tradingeconomics.com/country-list/gdp-per-capita>. Acesso em: 19 jul. 2020.
XXXIII	<https://www.uol.com.br/tilt/noticias/redacao/2018/10/18/entenda-a-tecnologia-por-tras-do-3g-4g-e-5g.htm>. Acesso em: 11 abr. 2020.
XXXIV	<https://g1.globo.com/tecnologia/noticia/alphago-inteligencia-artificial-do-google-e-aposentada-apos-vencer-melhor-jogador-de-go-do-mundo.ghtml>. Acesso em: 13 fev. 2020.
XXXV	<https://trello.com/>. Acesso em: 6 abr. 2020.

CAPACITAÇÃO

SOU DAQUELES QUE PREGA, NA PRIMEIRA OPORTUNIdade, que as pessoas devem se preparar, se profissionalizar, treinar e estudar para tal objetivo, ainda que não seja para trabalhar, mas sim para diversão e lazer. Recentemente, um jovem motorista de um aplicativo, com pouco tempo de casado, disse que o casamento tinha lá suas desvantagens, como a de não ter mais tempo para fazer uma graduação. Protestei, pois é fato corriqueiro ver idosos que retornam às universidades em busca de uma primeira ou segunda formação. É difícil? — Sim, mas compensa na maioria das vezes.

Para eles, trata-se de uma conquista pessoal mais do que qualquer outra coisa. Salvo profissões que exigem conhecimento de formação técnica — como engenharia ou medicina, por exemplo —, é possível perceber que em outras o dito diploma não lhe confere um saber superior. Por isso, não é necessário ter graduação em administração de empresas — a minha formação — nem em filosofia, pedagogia, ou em sociologia para ser alguém que conhece muito bem a área. Nada melhor do que os exemplos reais. Porém, sem dúvida alguma, um diploma arduamente conquistado costuma conferir uma vantagem competitiva a quem o detiver. Então, vamos à lista de oito executivos famosos que não possuem diploma de nível superior compilada pela revista Exame:[1]

- Bill Gates (Microsoft);
- Eike Batista (EBX);
- Julian Assange (Wikileaks);
- Mark Zuckerberg (Facebook);

- Michael Dell (Dell);
- Samuel Klein (Casas Bahia);
- Silvio Santos (SBT);
- Steve Jobs (Apple).

A esses poderíamos juntar outros nomes de personalidades que também alcançaram posições de máxima relevância e com escolaridade incompleta:

- Abraham Lincoln (ex-Presidente dos EUA);
- Henry Ford (Ford);
- Joanne Kathleen Rowling (escritora de Harry Porter);
- John D. Rockefeller (Standard Oil);
- Richard Branson (Virgin Group);
- Thomas Edison (Inventor; GE);
- Walt Disney (Disney).

Surpreendente, pelo menos para mim. Se pesquisarmos por mais nomes, a lista seria extensa. No meio artístico, assim como em alguns esportes, a exemplo do futebol, predomina a falta de formação de nível superior e muitas vezes de ensino básico.

Dito isso, alguém pode se sentir induzido a pensar que eu estou propondo aqui que não existe razão para ter uma formação universitária, já que dentre os homens mais bem-sucedidos do mundo vários deles não concluíram o ensino superior. Se tantos artistas e futebolistas, exuberantes em suas profissões, tendo galgado reconhecimento e admiração nacional e internacional com boa parte deles tornando-se ricos, alguns até milionários, sem graduação, fica a pergunta: Então estudar por quê? — A resposta é simples: para ser melhor ainda. É notório que as pessoas citadas são diferenciadas quanto a certas habilidades e por esse motivo galgaram posições tão almejadas por muitos. Nesta obra, assim, não caberá analisar o talento e o legado deles, mas sim, os fatos. Isso porque alguns começaram a trabalhar muito cedo acumulando positivamente uma grande experiência. Caso tivessem estudado, ainda que mais tarde, complementariam um rico saber. Mas esqueçamos das exceções.

Em tempos atuais, é difícil alguém ter um bom emprego, ainda mais sem uma formação sólida, o que inclui especializações e fluência em outros idiomas. Em poucos anos de graduação, você agrega conhecimentos que levariam, talvez, décadas para serem alcançados, se apenas fossem adquiridos pela experiência de trabalhar. Dessa forma, uma pessoa com o DNA de empreendedor, poderá, em tese, ir mais longe se tiver uma sólida formação.

Verdade seja dita: existem empresas que não se importam muito com os diplomas de seus profissionais. O que importa é o que você de fato sabe.

Conheci a área de TI de uma grande organização no sul do Brasil, com cerca de 300 funcionários que trabalham em um ambiente muito diferenciado e dentro de um campus de uma grande universidade. Perguntei qual o nível de escolaridade exigido para trabalhar naquela empresa. Imaginando uma resposta, fui surpreendido quando ouvi que, para algumas funções, é importante a graduação superior e com especialização. Contudo, para muitas, nada é exigido. Como assim, argui? Os programadores de TI são, frequentemente, autodidatas. Isso é bem comum. Não aprenderam em nenhuma faculdade aquilo que tão bem sabem. O que importa é isso: capacidade. Se a pessoa é capaz de programar algo desafiante, o diploma pouco importa, com exceções das posições e cargos mais altos.

Um exemplo de empresário que é admirado pela tenacidade e que surgiu "do nada" — o que não impediu de se transformar em um dos empreendedores mais bem-sucedidos; um dos homens mais ricos do mundo — tem nome: Ma Yún. Por esse nome ser difícil de ser pronunciado pelos estrangeiros, foi preciso adotar a estratégia de um pseudônimo, Jack Ma. Ele é, nada mais, nada menos, do que fundador da empresa Alibaba, um gigante do varejo chinês, que vende pela internet, desde bugigangas até casas pré-moldadas, eletrônicos a vestuários e veículos, por exemplo. Praticamente tudo. A maior initial public offering (IPO) — oferta pública inicial — da história até 2014 foi a da Alibaba, cujo valor alcançou US$25 bilhões, nos EUA. A sigla significa a abertura de capital na bolsa. Em dezembro de 2019, a petroleira estatal saudita, Aramco, fez sua IPO e obteve US$25,6 bilhões, superando por pouco a da Alibaba.

A vida de Jack Ma,[II] em termos de estudos e emprego, é digna de registro. Por três vezes ele tentou entrar em alguma universidade chinesa sem êxito, sendo admitido em uma universidade sem muita fama à época. Pior do que isso, foi a rejeição sofrida dez vezes pela Universidade de Harvard, dos EUA. Foi um verdadeiro batalhador incansável. Por fim, graduou-se e mergulhou nos negócios relativos ao comércio eletrônico, com a Alibaba. Ninguém acreditava na ideia, salvo alguns raros amigos. Vários o ridicularizavam, pois diziam que ele não tinha conhecimento sobre internet e computação, tampouco negócios. Foram três anos sem receitas, de total provação, em que a convicção e o espírito de liderança de Ma fizeram toda a diferença. Uma equipe que não tem um propósito claro, que não está coesa, não vinga. O interessante disso tudo é que o fundador, Jack Ma, não sabe criar nenhuma linha de programação, algo dito por ele mesmo. Aprendeu o idioma inglês trabalhando um bom tempo como guia para turistas estrangeiros em hotéis do seu país. O fez de graça, pelo aprendizado e foi exitoso no seu intento.

Segundo Lee (2018), ele aprecia contar ao público que a rede de fastfood KFC abriu uma unidade em sua cidade natal e dentre os 24 candidatos que se apresentaram, ele foi o único recusado. Hoje, bilionário, já deu palestras nos principais canais de comunicação do mundo e, acreditem, até na própria Universidade de Harvard. Quantos empreendedores chineses, e do mundo, se espelharam neste exemplo? O breve relato de um personagem icônico pode servir para que seu espírito empreendedor aflore e possa fazê-lo mudar a si mesmo, agindo, construindo, ocupando-se, empregando, gerando riquezas e agregando valor à sociedade. No lugar de morrer queixando-se da vida, a mudança é uma saída: a melhor. Mude, transforme-se, caso queira ser feliz e superar as dificuldades. Se um quociente de inteligência muito elevado fosse um limite intransponível para uma carreira de sucesso, como explicar o feito deste empreendedor da Alibaba e de outras corporações? O mundo precisa de mais pessoas como Jack Ma.

Na acepção de Taleb (2014), para vencer o caos, é preciso desenvolver a ideia da antifragilidade. Fiz um teste com meu smartphone, perguntando para a Siri o que significava a palavra "antifrágil". Ela respondeu na hora com: "Veja o que encontrei", mostrando na tela uma série de publicações a respeito do tema. Fantástico! Todos sabem o que é frágil. Mas qual o contrário dessa palavra? Achamos que um cálice de vidro é frágil para ser lidado por nossas crianças, então compramos um robusto, de plástico. Mas o mesmo **não** resiste ao primeiro golpe de marreta, que a criança não vai fazer, evidentemente, mas nos dá a ideia de que o robusto e o forte não são antônimos de frágil. Algo forte e robusto não tem o significado, necessariamente, de indestrutível. Já o frágil pode ser destruído com facilidade. "Antifrágil" é algo bem além de robusto e forte. Ainda segundo o autor, diante dessas dificuldades caóticas, das incertezas e dos riscos a que se pode estar exposto diante de uma transformação radical que dá passos muito largos a toda hora, é que você precisa se converter em "antifrágil".

Antes de tudo, há que conhecer e reconhecer quais são suas fraquezas e seus pontos fortes. Em segundo lugar, não se deve temer o que vem por aí. O medo é uma das causas que exclui as pessoas do ambiente em que se encontram — vale lembrar do eremita digital. Por isso, ao enfrentar cada dificuldade, você vai se aprimorar e melhorar a cada dia. Valorize as suas dificuldades, já que facilidades demasiadas não agregam nenhum diferencial para ninguém. Veja a crise e o caos como oportunidades e tire delas as suas motivações. Para Breynjolfsson e McAfee (2014), **somos nós que moldamos o nosso destino, não a tecnologia.** Sim, cada indivíduo toma decisões ao longo da vida que vão definir como será seu futuro. A tecnologia está para servir as pessoas e não o contrário. Com o tempo, a maioria adota as tecnologias que precisam para suas vidas e aquelas pessoas que não quiserem acompanhar a evolução infelizmente não conseguirão participar das atividades do dia a dia dos demais, quer no convívio familiar, quer no trabalho, no lazer, ou em qualquer outra situação: é exatamente isso que não desejo às pessoas, e que venho sinalizando neste livro.

EMPREENDEDORISMO

Tive uma dúzia de empresas, literalmente. A grande maioria delas bem pequenas, mas também algumas indústrias de médio porte. Em 2020, eu e mais dois sócios, fundamos a 13ª empresa da minha história. Se é a última, não tenho como saber. O que espero é ajudar para que ela tenha relevância no mercado nacional e nos negócios internacionais também. Daqui a alguns anos, quem sabe, passar o bastão para um dos meus filhos, ou vender a minha participação na sociedade. Mas, até lá, existe um longo caminho a percorrer e que exigirá muito trabalho e constante atualização. É algo que me instiga, me move e me deixa feliz demais. Sinto-me privilegiado por ter os sócios que tenho. Temos princípios comuns, como a ética e capacidades complementares, pois geramos sinergia naquilo que nos propomos. Sozinhos não somos tão fortes, mas em conjunto o resultado é superior a uma simples soma das capacidades individuais de seus integrantes. Se as partes entram em sintonia e têm os olhos voltados aos mesmos objetivos, o empreendimento tem tudo para dar certo. Temos a convicção de estarmos oferecendo soluções inovadoras.

Com larga experiência, tanto como empreendedores ou como executivos, temos uma vivência acumulada de quem partilhou o chão de fábrica ou de empresas de serviços e conhece todos os processos de uma organização, como funcionam as áreas da estrutura organizacional, como elas se interligam, como as pessoas são partícipes desses processos e como tratar da governança corporativa de uma organização. Juntos, acumulamos experiência em internacionalização de empresas, o que enriquece o conhecimento de qualquer um. Por isso, erramos e acertamos e é com os equívocos que mais se aprende. A vantagem de se ter experiência é que muitas situações difíceis já foram enfrentadas e não se comete os mesmos erros. Já os acertos nos motivam e servem como estimulantes para novas atividades empresariais. Esse cenário é animador, pois é bom empreender, já que isso cria uma expectativa altamente estimulante em nossas vidas. A minha adrenalina deve estar fora da curva!

Dizem, que isso é inerente ao empreendedor. Que seja. Em todos os negócios tive sócios e em dez deles fui fundador. Em dois, adquiri quotas de empresas já existentes para poder participar da sociedade. Lembro quando, por volta de 1979, fui convidado pela empresa da qual eu era funcionário, como técnico em química, para assumir o cargo de sócio-gerente de uma fábrica de adesivos do grupo. Essa empresa havia se inspirado no caso de um sucesso estrondoso de vendas de uma indústria de calçados plásticos, a Grendene, para fazer modelos idênticos. A empresa da qual eu era funcionário lidava com o processo de injeção de plásticos, mais especificamente, de solados para calçados. Fui empossado como sócio-

-gerente, cargo que hoje se chama de administrador. Minha participação era de tão somente 8% do total de quotas do capital social da empresa. Eu não entendia nada de administração de uma empresa. De imediato, contratei um consultor, com formação em contabilidade para me ensinar sobre Balanço Patrimonial e Demonstrativo de Resultados, nas primeiras semanas de atividade. Diante disso, eu precisava, com a máxima urgência, aprender o que aqueles relatórios revelavam. Como analisar as informações usando indicadores? Foi uma decisão que valeu a pena. Do ponto de vista financeiro, a empresa beirava a falência. Antes de eu assumir a direção, a empresa havia vendido muitos modelos de calçados de plástico, copiados da Grendene, que estavam à disposição nos lojistas e atacadistas. A empresa havia gerado uma receita considerável, logo, havia uma conta clientes a receber, de valores importantes. Contudo, as devoluções começavam a aparecer, uma após a outra. Alguns clientes importantes, para não devolverem suas compras, exigiam descontos de 40% a 70% do valor a ser pago. Por que os clientes não queriam mais os nossos produtos? Porque nossos calçados plásticos, copiados tinham ficado obsoletos. Isso mesmo. Em poucos meses, a indústria da moda troca de modelos e a Grendene, sabiamente, lançava novos produtos com muita rapidez, reforçando essa estratégia com pesados investimentos em publicidade. Nós, e outros copiadores, não tínhamos tempo para acompanhar aquela velocidade, tampouco podíamos contar com recursos para publicidade. Além do mais, não tínhamos um P&D que fosse capaz de criar uma modelagem própria.

Outro aspecto que aumentava a gravidade do problema era a qualidade do produto. Enquanto a Grendene mandava confeccionar seus moldes na Itália, em centros de excelência do setor, nós tínhamos fabricação própria, que era tecnologicamente muito inferior, o que se percebia na qualidade das peças finais. As máquinas da empresa do nosso grupo eram injetoras bem simples e usadas, sem muitos recursos, diferentemente da Grendene, que tinha as melhores máquinas do país e várias eram italianas, todas novas. Quanto às pessoas, outro grande diferencial. A Grendene havia contratado vários profissionais com capacidade e trajetória de sucesso em outras empresas da região, como a Tramontina, de acordo com minhas lembranças. Eles eram muito capacitados e foram para diversas áreas de seu negócio, desde P&D, produção, compras, até finanças. Ora, a nossa empresa era pequena e não tinha esse perfil, portanto, como concorrer?

Outro problema que logo tive que enfrentar, junto aos sócios, foi sobre ter duas linhas de produtos: adesivos para as indústrias de calçados e de móveis; e, a outra linha, a de calçados full-plastic. Os clientes de adesivos, que eram fabricantes de calçados, passaram a nos ver, corretamente, como concorrentes, e as nossas vendas de adesivos para esse segmento começaram a cair. Não sei como a direção anterior não havia percebido o risco. Uma estratégia muito errada gera consequências indesejadas e pode levar a empresa à falência. Estávamos indo para esse caminho. O prejuízo acumulado era crítico. Tomei a decisão de encerrar a montagem de calçados plásticos e seguir apenas com adesivos, que era a origem da empresa. Era preciso focar todo o esforço naquilo em que éramos competitivos e no que a empresa sempre atuou desde a sua fundação, ou seja, onde tinha conhecimento de mercado. Paramos com calçados plásticos, definitivamente. Assim, promovemos os estoques com preços bem baixos, para gerar caixa, que era o nosso calcanhar de Aquiles. Estávamos em apuros financeiros. Desenvolvemos adesivos de melhor qualidade e outros mais econômicos e crescemos nessa linha de produtos. Um mesmo fabricante de calçados pode ter linhas de calçados de maior qualidade e outras mais econômicas, algumas com exigências técnicas mais altas e outras nem tanto. Assim, é preciso uma linha completa de adesivos para um mesmo cliente.

A empresa tinha uma boa marca e trabalhamos em uma nova imagem dela, com o suporte de uma agência de publicidade. Com isso, ia melhorando mês após mês, mas sempre dependendo da venda de seus títulos aos bancos — desconto de duplicatas — para antecipar a receita. O banco cobrava um *spread* bem significativo, contudo, era a única forma de captar recursos. Em certo momento, esse tipo de operação foi cortado pelo sistema financeiro nacional, por força do governo federal. Os bancos passaram a oferecer empréstimos atrelados ao dólar. O Brasil, como país, precisava de moeda estrangeira e o capital externo começou a financiar as empresas. O país tinha uma inflação interna anual acima de 50% e a externa era acima de 20%. Era necessário corrigir a diferença de 30% entre as duas inflações com uma desvalorização cambial. O câmbio não era livre e quem determinava as taxas era o governo federal. Em determinada noite de 1979, ano que eu havia entrado nessa sociedade, fui dormir com um valor da moeda nacional — cruzeiro — frente ao dólar e na manhã seguinte acordei com ela valendo 30% menos. Como estávamos tomados de empréstimos bancários atrelados ao dólar — operação chamada de Resolução 63 — a nossa dívida bancária havia aumentado em 30%, da noite para o dia, literalmente. Começamos um ano duríssimo em 1980 e aos poucos conseguimos endireitar a casa, chegando a um equilíbrio nas contas. Essa foi minha estreia em uma posição de sócio e diretor de uma indústria, um caso de reformulação grande na organização.

No período em que estive à frente do negócio, tivemos a saída de dois sócios, igualmente minoritários. Esse processo todo é conhecido hoje como *turnaround*, termo que só fui conhecer décadas depois e que está ligado à necessidade de virar o jogo e fazer a empresa voltar a agregar valor. Isso pode envolver mudanças drásticas no organograma. É tão forte que sempre se espera que dê certo.

Depois de menos de dois anos, saí do cargo entregando a empresa em uma situação muito melhor do que a havia recebido e fui empreender em outra indústria química, em que começava com 25% do capital total e não apenas com 8%, como na indústria de adesivos. A fábrica de adesivos seguiu ainda por um tempo, com um executivo de mercado à frente, mas os acionistas decidiram encerrar as atividades, não devendo nada a ninguém. Eu havia ganhado uma boa experiência e queria aproveitar esse ponto forte em outras oportunidades, como empreendedor. Uma saída de uma sociedade gera certos traumas e contratempos, mas, quando bem assessorado e com honestidade e transparência, fica mais fácil de assimilar.

Em março de 1982, empreendi dois negócios. Um com um escritório de vendas em que atuava como representante comercial, e outro na fundação da indústria química já citada, com 1/4 do capital social total e na posição de sócio-gerente. Começamos pequenos na indústria, mas cada um dos quatro sócios teve que injetar um capital inicial razoável para quem tinha pouco, como eu. Era um negócio gerador de baixa lucratividade. Atuava com produtos químicos para a construção civil, com um custo de logística de alto peso na formação dos preços de venda. Era um mercado com muita informalidade e isso não era do nosso feitio.

Depois de cinco anos capitaneando aquela empresa, vendi minha participação para um investidor e iniciei uma indústria de pigmentos para plásticos, a Polimaster, no ano de 1987. Como primeiro passo, fui a uma feira em São Paulo, a maior feira de plásticos do país. Lá visitei fornecedores de máquinas e insumos. Precisava desses contatos para iniciar um negócio e saber das suas condições comerciais. Para minha felicidade, um dos expositores era o Instituto Nacional de Propriedade Intelectual (INPI). É importante lembrar que em 1987 não tínhamos internet. Fui consultar com eles sobre três marcas que havia selecionado. O nome Polimaster não tinha marca registrada e estava liberado, portanto, rapidamente entrei com o processo de registro de marca. Aqui uma recomendação a qualquer empreendedor: verifique se o nome que você deseja para a sua empresa está liberado e, se estiver, registre-o imediatamente. Hoje, você acessa o site do INPI e faz tudo remotamente. Para acompanhar sua marca, você pode contratar um escritório especializado em marcas e patentes.

Sobre a marca Polimaster, o nome vinha de dois prefixos de palavras técnicas, polímeros e masterbatches, que são os concentrados de cores e eram o produto plástico que fabricaríamos. O nome era bom, pois aos usuários desse produto, ele soava forte e lembrava logo a ideia daquela atividade. Quis iniciar sem dívidas e com sede própria, ainda que muito pequena. Convidei meu pai, um bancário aposentado — que já vinha trabalhando em atividade de vendas há um bom tempo — para ser meu sócio. Ele entrou com 1/3 do capital e eu com 2/3. Compramos um terreno e construímos um pequeno galpão. Inicialmente, importávamos produtos e os reembalávamos com a nossa marca. Em seguida, montamos um laboratório e compramos uma máquina extrusora usada (para fundir e granular o plástico). Era uma máquina bem ruim, mas que serviu para aprendermos sobre o processo. Minha esposa assumiu as finanças, meu pai a produção e eu a área comercial, direção geral e compras. Empresa tipicamente familiar até então.

Em 1994, sentimos necessidade de construir um prédio maior e adquirir equipamentos novos, pois vínhamos crescendo. Fomos buscar financiamento junto ao Banco Nacional de Desenvolvimento Econômico e Social (BNDES), via seu repassador, o Banco Regional de Desenvolvimento do Extremo Sul (BRDE). Não aprovaram nosso projeto, inicialmente, pois as garantias eram insuficientes.

Fizemos uma avaliação interna do valor da Polimaster e convidamos um amigo, um empresário argentino, para visitar a empresa e dela participar. Acordamos que o aporte de capital dele seria para a empresa e não para os sócios. Assim se deu um aumento de capital social e ele passou a ser um sócio-investidor, sem participação na gestão. Seu capital era de 30%. Logicamente, meu pai e eu perdemos participação percentual, mas não o capital em si. Já tínhamos outro sócio minoritário que havia assumido a gestão da área comercial. Ao BRDE, com um aumento de capital social e minha casa como garantia, meu único imóvel à época, o crédito foi aprovado. A casa foi devidamente hipotecada. Ser empresário requer exposição aos riscos, mas eu acreditava nos resultados e que conseguiríamos pagar o empréstimo de longo prazo. O planejado precisaria ser executado e dar certo, gerando os resultados projetados. E assim a empresa se consolidou e foi crescendo. Em 1997, um concorrente da nossa cidade faliu, e adquirimos, do proprietário, a carteira de clientes, com as respectivas formulações. Foi um salto adiante que demos no mercado.

Em 2002, o sócio argentino da Polimaster me convidou para abrirmos, ele e eu, uma indústria de compostos de PVC, uma matéria-prima para fabricantes de solados plásticos injetados no país dele. Iniciamos, então, com a Polimix Argentina – Indústria de Compostos Plásticos. Eu tinha apenas 15% da empresa. Quando vendi minha participação, em 2016, a empresa estava faturando em torno de 700 mil dólares ao mês. Tinha um imobilizado de respeito, com prédio próprio e várias máquinas. Fiz um *valuation* e vendi a minha participação. A empresa segue até hoje em atividade.

De volta à Polimaster, agora em 2003, o nosso espaço físico, limitado pelo tamanho do terreno, não nos permitia seguir naquele local para atendermos à demanda. Resolvemos vender aquele imóvel e alugamos um bem maior, com facilidade de manobras para os caminhões, espaço suficiente para um forte crescimento, boa organização dos estoques e área fabril adequada para os próximos anos. Ao contrário do que muitos empreendedores pensam, o nosso negócio não era de ramo imobiliário, então para que ter um prédio próprio, como pensávamos inicialmente? Em vez de comprar um imóvel, resolvemos investir em máquinas e no laboratório, pois eram elas que proporcionariam a geração de valor e não um prédio. Em 2008, adquirimos um pequeno concorrente em São Paulo. Era o primeiro passo para iniciarmos nossa participação naquele estado, em um segmento que não atuávamos até então. Lá, o foco eram as outras aplicações da indústria de plásticos, que não a de calçados, onde tínhamos liderança em alguns produtos. Pagamos um preço bem maior do aquele pequeno negócio do concorrente valia, pois nós, compradores, éramos a parte mais interessada no negócio.

Na mesma época, fomos procurados pela Bayer para criar um produto em nossa planta, pois eles queriam descontinuar com a produção própria, na Alemanha, de onde enviavam aquele produto ao Brasil, tão somente. Foram vários ensaios técnicos e visitas às nossas instalações, tudo documentado com contrato de confidencialidade e de não concorrência. Culminou com um estágio meu e de meu filho na Alemanha, em um laboratório especializado em uma determinada matéria-prima, o Poliuretano Termoplástico (TPU). Iniciamos a produção de compostos de TPU aditivados com Laser Marking para os conhecidos fabricantes de Brincos de Boi, que são identificadores de animais, com um código de barras. Esses brincos são gravados com marcação a laser, por isso o material precisava estar aditivado. Era o que fazíamos. Uma parceria com uma multinacional nos deu maior notoriedade e reconhecimento no mercado.

Em novembro de 2009, recebi uma ligação de um diretor da PolyOne, uma corporação americana, uma empresa listada na Bolsa de Valores de Nova York. Eles haviam decidido ter uma produção no Brasil, a primeira da América do Sul para aquela corporação. Nós havíamos sido selecionados, com mais outros tantos, por um consultor que até hoje não sabemos quem teria sido. A negociação avançou e tínhamos reuniões mensais, tudo com contratos de confidencialidade e de intenção e compra, devidamente formalizados. Foram 11 encontros mensais, até que em outubro de 2010 finalmente assinamos a venda integral da empresa para a PolyOne Corporation. Talvez a nossa fosse a menor das empresas avaliadas por eles, mas nem sabemos ao certo quantas eram. Cheguei a escutar que a lista contemplava 15 fabricantes de *masterbatches*. Nossa empresa estava sediada em Novo Hamburgo, RS, e tinha uma unidade em Taboão da Serra, SP. Ela vinha crescendo bem e com sólidos resultados. Era organizada, com altos investimentos em seu parque fabril, certificada pela ISO 9001:2000, parceria com a Bayer, desenvolvia sete novos produtos (cores) ao dia e tinha um laboratório de encher os olhos, aliás dois, um por planta. Faltava maior participação no mercado e se esperava que uma multinacional nos levasse rapidamente a isso.

No dia da venda, assumi como diretor do negócio, posição exercida por exatos quatro anos. Havia me tornado um executivo de multinacional. Foi um período de alta pressão, com exigências enormes. Fazer a transição de uma empresa familiar para uma multinacional sem um projeto de integração adequado exigiu um esforço enorme de todos. Rompeu-se com uma cultura organizacional que vinha dando certo, para uma corporativa, que engessava nossas ações. Afirmo que valeu muito a pena, pois esse período me acrescentou um sólido conhecimento de gestão, algo que não conseguiria de outra forma. Eu diria que foi um doutorado prático de gestão. As viagens internacionais, o aprendizado em geral, o contato com diferentes culturas e pessoas, os altos executivos que conheci, os treinamentos, tudo isso me deu um ganho que não se pode medir, mas que reforça a minha certeza de que fizemos um bom negócio.

Da família, o único que seguiu carreira na empresa foi meu filho, que galgou posições de alta relevância na organização. Depois dele ter trabalhado por vários anos nas unidades brasileiras, foi requisitado pela matriz americana, tendo morado um tempo em Ohio. Posteriormente, foi designado para assumir como líder de integração de uma aquisição de três plantas de uma empresa espanhola, o que lhe exigiu nova mudança. Desta vez, para Barcelona. Estava lá há pouco mais de um ano quando foi chamado para assumir a América Latina, na posição de General Manager, cargo acima da diretoria em um organograma. Será que valeu a pena ter vendido a empresa? Profissionalmente, foi a melhor coisa que fiz. Minha filha, que trabalhou por uns bons anos na Polimaster, no momento da venda da empresa decidiu deixar a organização para fazer o mestrado e abraçar uma carreira acadêmica. Seguiu tocando seus estudos e completou o doutorado. Fez concurso para professora na UFRGS e hoje leciona disciplinas voltadas à produção. A experiência de ter trabalhado em uma indústria agregou muito em sua carreira.

Hoje, dia 1º de julho de 2020, recebo um material de divulgação da PolyOne, comunicando ao mercado que aquela corporação acabara de comprar seu maior concorrente, a Clariant Masterbatches, empresa do setor com maior presença global. Uma nova organização foi criada a partir dessa aquisição, a Avient. Este grupo é o maior do mundo em especialidades plásticas.

Após toda essa trajetória, resolvi contar um pouquinho da minha experiência para aqueles que desejam ter seu próprio negócio, algo que tanto incentivo. Empreender exige muito dos sócios. Tem riscos. Muitas vezes não dá certo. Mas, noutras, pode dar muito certo, como foi o caso da Polimaster. Não há como negar que algumas vezes passei por apuros, ao ponto de penhorar meu único bem, a casa da família. Sempre digo, é fato que existe uma curva de aprendizado e, para colher os louros, é preciso cometer erros e aprender com eles. Trabalhar muito e se juntar com quem pode agregar, não com aqueles que fazem o contrário, palavras que já estão para lá de redundantes neste livro. A escolha de sócios é vital em qualquer empreendimento. Empreender gera empregos, por isso precisa ser mais valorizado. No momento da venda, tínhamos 65 funcionários diretos, mais representantes comerciais e um sem número de trabalhadores indiretos. É o lado social de qualquer empreendimento.

Vejo empresas em que os proprietários estão sem esperanças neste momento de aflição nacional e global pelos efeitos destrutivos nos seus negócios. Não enxergam uma luz no fim do túnel e não têm com quem compartilhar suas angústias e suas dores, além de sua família, igualmente envolvida no mesmo negócio. A estes, fica uma sugestão para vencer o momento: juntem-se a outros, criem uma empresa nova, ganhem escala e sinergia. Reduzam os custos e serão mais competitivos. É preciso inovar também nesta questão. Muitos pensam na perda de poder quando se fundem com outra empresa e precisam dividir a direção dos negócios e a participação percentual nos resultados. A questão aqui precisa ser vista de outra maneira. Você prefere ter 100% de uma rede com 4 postos de gasolina ou ter apenas 1% da Facebook ou da Apple? O que importa é o quanto vale seu negócio.

Se você for o proprietário em negócios de combustíveis, pode ganhar escala unindo seu negócio com o de um concorrente. Se você não acredita mais, como antes, no futuro desse segmento, tem que pensar em diversificar. Talvez juntando sua empresa a uma de transportes, não de combustível, mas de outros materiais.

A maneira correta de fazer qualquer negociação de uma empresa é contratar um especialista para avaliar o seu próprio negócio e pedir uma avaliação daquela empresa, a outra parte que quer se unir com você. Recomendo, quando isso for possível, que as duas contratem o mesmo avaliador, já que muitas premissas serão as mesmas na aplicação das metodologias de Valuation.

Digo por experiência própria, como empreendedor e como avaliador de empresas, parte atual daquilo que faço na firma que iniciei com outros sócios em 2020, é um processo custoso, mas sem o qual não se encontra o valor justo de uma empresa. Não é como um automóvel que você olha o preço na internet, ou de um imóvel que basta saber o preço por metro quadrado na região de um imóvel equivalente ao seu. Alguém disposto a investir no seu negócio vai querer saber quanto terá de retorno e, por isso, vai necessitar de uma avaliação que demonstra uma projeção de geração de caixa em um período de alguns anos. Se não sair o negócio, pelo menos você saberá o quanto pode valer o seu próprio empreendimento. Como possibilidade, você pode vender 100% dele, ou talvez apenas uma parte. Pode ainda se dar conta de que ele poderia valer mais e que, se trabalhar eficazmente por alguns anos, poderá passar a ter um valor bem maior. Empreenda!

PRÁTICAS DE FINANÇAS

Até aqui falei de tendências sobre a questão de emprego, da sugestão de empreender e da capacitação; e com as reiteradas recomendações para estar atento às oportunidades que sempre surgem. Não há como evitar comentar sobre a gestão do dinheiro. O assunto de finanças é um dos mais críticos na vida das pessoas, o qual parte delas costuma deixar esse ponto um pouco de lado e outra é, totalmente, relapsa em relação às finanças pessoais e mesmo empresariais. Se você for exitoso em sua profissão e em seu projeto de vida, mas não houver cuidado da gestão dos recursos próprios, vai ter uma vida difícil pela frente, principalmente na velhice. Um dia estará lá e precisará usar as reservas amealhadas durante toda uma vida laboral. Esse problema ficou evidenciado pela pandemia de 2020, que pegou boa parte da população brasileira sem uma reserva suficiente para os imprevistos, as ditas situações contingenciais. Sei que pessoas com pouca renda têm muita dificuldade em segregar parte, ainda que pequena, de seu ganho mensal e guardar em algum banco. Não me refiro a este grande contingente, mas aos que, de alguma forma, mesmo com muito esforço, podem renunciar a um pouco da renda mensal e guardar para seu futuro.

Vou tecer algumas considerações conceituais, básicas apenas, já que este não é um livro de finanças. Externo um ponto de vista porque entendo que não há no Brasil a cultura de poupar e, lá adiante, em situações de muita necessidade, ter recursos pode fazer a diferença entre conseguir, ou não, suportar um tratamento de saúde mais grave, ou de ter reservas suficientes para concretizar alguma oportunidade boa de investimento. Talvez resida aqui mais uma possibilidade de mudança, a do *mindset* (modelo mental) de gastador, para o de poupador-investidor. Não me refiro a deixar de usufruir de certos prazeres da vida, como uma ida ao cinema, uma ou outra viagem e assim por diante. Você terá uma vida mais feliz e digna em sua velhice, se puder contar com uma base financeira bem aplicada. Confesso que aprendi a fazer reserva somente depois dos 45 anos, o que foi um erro, sem dúvida. Felizmente, quando me dei conta do que a questão poderia representar para minha família, mudei de atitude. Até por experiência própria, insisto neste ponto. Talvez seja a melhor recomendação do meu livro. O tema não traz algo novo, sendo bem comum, na verdade. Há muita informação a respeito, mas é sempre bom ouvir de alguém neutro, que já passou por diversas situações na vida real. Se você já estiver fazendo investimentos para uma reserva futura, aperte o cinto um pouquinho mais, aumentando seus investimentos para um futuro mais seguro.

Quem sabe daqui a alguns anos surja uma bela oportunidade para você adquirir um negócio bem rentável e ver o "bolo" de suas economias se elevar a um patamar, graças ao seu sacrifício de anos. Uma boa gestão da carteira de investimentos é imperativa. Tem muito profissional bom no mercado, que poderá orientar na questão dos melhores investimentos. Como a economia é dinâmica, é preciso estar, permanentemente, acompanhando os movimentos do mercado. Se você não tiver o conhecimento adequado para lidar com essa atividade, a melhor maneira é a de se aconselhar, regularmente.

Uma boa prática é aquela de construir uma reserva desde seu primeiro trabalho. Aplicar, regularmente, para dispor de um valor em casos de contingência, ou aposentadoria, deveria ser ensinado nas escolas para as crianças e adolescentes. Educação financeira mereceria ser encarada como disciplina obrigatória. Outra regrinha básica é da diversificação dos investimentos, de acordo com seu perfil. Se você for jovem, poderá arriscar mais do que alguém prestes a se aposentar. Um pouco no mercado de renda variável, como o de ações, um pouco na renda fixa e outra parte em algum imóvel, como uma sala comercial, constituem-se como mero exemplo para mitigar riscos. Jamais aplique valores importantes onde o risco for alto demais e em um único tipo de ativo. Não deixe se derrotar pela ganância, como o caso de pirâmides financeiras. Fuja desta opção. Recomendo que você adquira alguns livros sobre o tema, ou entre no YouTube e pesquise bons vídeos de finanças pessoais. Como o tempo você saberá filtrar o que é um bom conteúdo, do restante que pouco agrega. Inscreva-se em cursos online. Há infinitas opções para aprender. Basta querer.

Outro detalhe é a questão do rendimento. Quando a taxa dos juros oficiais e referenciais do país fica baixa, consequentemente, o rendimento final será menor. A ideia primária de poupar é fazer com que o dinheiro guardado não perca valor de compra ao longo do tempo. Se você aplicar agora R$1.000,00 em uma única vez, remunerando este investimento apenas por taxa equivalente à inflação, sem ganho real portanto, terá de esperar por, pelo menos, 36 anos para ter seu valor dobrado, se a inflação for constante de 2% ao longo desse tempo todo. O valor exato seria de R$2.040,00, sem ganho real algum e nem perda. Isso significa que você terá corrigido seu capital pela inflação, mantendo igual poder de compra nos 36 anos. Se remunerar com 3% ao ano, para uma inflação fixa de 2%, pelos mesmos 36 anos, você terá um ganho real de 1% ao ano, acima da inflação. Nesta situação elucidativa, seu capital inicial de R$1.000,00 iria para R$2.898,00. Tal valor estaria R$ 858,00 acima da inflação. Qual o milagre? A resposta está em juros aplicados sobre o capital mais juros acumulados a cada ano, que chamamos de juros compostos. Não se preocupe com as contas, apenas com o conceito.

Outro exemplo: se a inflação for a mesma, 2% ao ano, por 360 meses (30 anos), e você aplicar R$100,00 todos os meses, com essa mesma taxa, terá o valor aproximado de R$ 49 mil após todos esses anos. Você apenas juntou dinheiro, mas não aumentou e nem perdeu poder de compra de tudo o que foi poupado. Mas, se aplicar a 3% ao ano (1% acima dos 2% da inflação), o valor final vai para a casa dos R$58 mil, tendo havido um ganho real de R$9 mil. Acredito que muita gente seria capaz de economizar R$100,00 ao mês por três décadas.

Para quem tiver mais condições financeiras para começar a guardar aos 25 anos de idade e o fizer, com muito foco, por 40 anos, a fim de ter uma reserva substancial aos 65 anos, aplicando R$1.000,00 por mês, nas mesmas condições anteriores (3% a.a. de juros, incluída a inflação anual e constante de 2%), terá, ao final, o valor de R$917 mil. Se houvesse aplicado apenas à taxa da inflação (2% a.a.), esse valor alcançaria a cifra de R$ 732 mil. Teria um ganho real de R$185 mil, sem fazer nada, apenas deixando o dinheiro rendendo, sem sacar os juros. O conceito é reservar mensalmente uma parcela do seu ganho por um longo período, sem retirar nada. O dinheiro fica rendendo juros sobre juros. O efeito é compensador.

Quem aplica, tenta sempre taxas as maiores possíveis, mas é preciso avaliar a questão do risco, o qual pode aumentar. Convém diversificar os seus investimentos, ou seja, seu portfólio. Mesmo que o leitor médio não tenha entendido as contas, o que é de fundamental importância e convém aqui enfatizar, é a disciplina necessária para guardar uma quantia todos os meses, de toda sua vida de trabalho. Quanto mais cedo começar a guardar, maior será o valor quando for gozar, merecidamente, sua aposentadoria.

Seguindo nas recomendações financeiras para os empreendedores, começo por um dos princípios contábeis costumeiramente mal tratado: o da Entidade. Temos dois tipos: a pessoa física (PF) e a pessoa jurídica (PJ). Confesso que, por anos, nas minhas primeiras empresas, esse princípio não era respeitado como devia, mais um erro meu, sem dúvidas. Com o tempo aprendi. O que acontecia era a mistura de duas entidades distintas dentro da empresa, a PJ, a firma, e a PF, pessoa física de cada sócio. Para que fique claro, quando se tem uma empresa, ela deve cumprir as legislações contábil e fiscal. O negócio tem vida própria, a qual não pode ser misturada com a vida dos sócios. A saber, a despesa da aula de inglês do filho não deve ser lançada na contabilidade da empresa. O combustível e o carro da PJ só podem ter despesas lançadas daquilo que, efetivamente, for usado pela empresa. Se o automóvel que pertence à pessoa jurídica for empregado em passeios de finais de semana, isso nada tem a ver com o negócio, com a atividade-fim da empresa. Deve ser arcado pelo sócio e não pela sociedade. Não importa se você for apenas um sócio quotista ou o presidente da empresa.

O usual, muito mais nas pequenas empresas, é lançar o máximo de despesas na conta dela e fazer com que sejam pagas pela PJ, mesmo oriundas das PF. É uma forma de diminuir o lucro anual da PJ e diminuir a renda anual declarada do sócio, a fim de que pague menos imposto de renda. São duas as consequências desse ponto: a primeira é que o IR anual da PJ a pagar será menor, com a redução do lucro e, a segunda, é que o valor da empresa diminui, pois ela gerará menos caixa. Quando alguém me contesta sobre o valor calculado para a sua empresa, evidencio a metodologia mostrando que vale o que está escrito e assinado, como os relatórios contábeis. Se uma receita gerada não foi contabilizada, ou despesas pessoais, que não eram da atividade, foram lançadas, o resultado anual será menor, evidentemente. Havendo o objetivo de vender a empresa, mude o modo de gerir os recursos.

A questão de formar reservas vale também para a PJ, não somente para a PF. Crises econômicas como a atual (devido à Covid-19), sem um caixa de reserva, pode levar a empresa a não vencer a batalha da sobrevivência. A melhor reserva não é, geralmente, aplicar em estoques e sim em aplicações financeiras seguras, em boas instituições. De que adianta ter estoque na presente crise, se as portas de sua loja estão fechadas por decreto governamental. Só o dinheiro pode salvar seu negócio. Uma empresa não tem por objeto a especulação. Ela não deve fugir do seu objeto social, aquilo que é, de fato, seu negócio. Cuide bem dela e você, sócio, colherá os benefícios merecidos pelo empreendedorismo, ao longo do tempo.

Endnotes

I   <https://exame.abril.com.br/carreira/8-executivos-famosos-que-nao-terminaram-a-faculdade/> Acesso em 07 fev. 2020.

II   <https://exame.abril.com.br/negocios/15-coisas-que-voce-nao-sabia-sobre-jack-ma-do-alibaba/>. Acesso em: 16 jul. 2020.

FILANTROPIA

ATREVO-ME A AFIRMAR QUE BOA PARTE DA SOCIEDADE atual é egocêntrica. Adoraria estar equivocado. Há clara predominância do individualismo, majoritariamente em grandes centros urbanos. No extremo desses grupos, em minoria, afortunadamente, há pessoas que cultuam a egolatria, ostentando valores fúteis, mostrando constantemente seu status, que imaginam que seja superior. Não poderia ser diferente: a mídia dá espaço para isso, aliás estimula e dá audiência. Eventualmente, podem ser megalomaníacos. Às classes menos abastadas, isso pode causar um sentimento de frustração e conformidade para consigo mesmas, com idolatria a esses midiáticos, os quais cultuam a si próprios como se estivessem sentados ao lado de Zeus no topo do Monte Olimpo, ou talvez se sentindo o próprio.

Desapontante, também, é assistir ao sentimento de castração cultural que a eventual idolatria aos megalomaníacos provoca. Creio que os ególatras deveriam se consultar com a deusa grega Atena, aproveitando para absorver um pouco de sua sabedoria e senso de justiça. Essa ostentação, com ares de superioridade, é algo de difícil entendimento e, por mais triste que seja, por muitos desejada. O grau de intelectualidade, a cultura mais desenvolvida, ou o sucesso em suas profissões, podem, não raro, revelar-se como promotores de uma certa transcendência, aniquilando com as expectativas dos demais. Trata-se de característica incoerente com esse status, não necessariamente inerente a ele. Aquele que se identifica como alguém inferiorizado, enxerga um fosso abissal entre a sua realidade e aquela do outro, para ele inalcançável, tamanha a incoerência desse status.

No contraponto, há pessoas que ao longo de suas vidas dedicam-se a ajudar o próximo e isso se dá de várias formas: incentivando e apoiando aqueles que necessitam de uma colaboração, de uma orientação e, por que não, de uma mentoria. Quem sabe também fazendo doações financeiras em anonimato, preferencialmente, ou cedendo vestuário, alimentos, medicamentos, livros, materiais de higiene pessoal, de limpeza do ambiente e toda sorte de itens. Os destinatários podem ser seus próprios familiares ou não, para pessoas conhecidas ou desconhecidas. Pode ser para entidades carentes e, quem sabe, para hospitais a fim de confortar pacientes acamados na agonia de seus leitos hospitalares. A doação pode ser feita em valores monetários, físicos, ou por meio de uma palavra de ânimo e esperança, visando levar algum tipo de satisfação a esses desafortunados.

Há aquelas pessoas que viajam para países mais pobres, sob a desgraça de guerras, ou quaisquer tipos de tragédias, tais como tsunamis, terremotos, incêndios de grande impacto, furacões, epidemias... Enfim, todos estes grandes eventos que causam compadecimento, onde os desventurados costumam receber apoios de alguma forma, de boas almas. Que bom, há pessoas notáveis em nossa volta. As notícias sobre doações de milionários ou bilionários, mundo afora, sem dúvida fazem uma tremenda diferença para muita gente. Vários desses donos das maiores riquezas destinam parte significativa de suas fortunas às causas que apoiam. Observo a tudo como algo nobre, admirável e a ser copiado. Mais até: me emocionam. Afinal, somos a civilização do Ctrl C e Ctrl V, não? Então por que razão nós todos não copiamos esses bons exemplos? Será mesmo que maioria não teria condições de partilhar um mínimo que fosse de seus recursos? Outros poderiam partilhar quantias generosas aos infaustos, que não lhes fariam falta, quiçá muito mais pessoas realizando algum trabalho voluntário.

Já que essas iniciativas são tão admiradas, imagino que, para todo aquele que nada fez ainda nesse sentido, fica a sugestão de mudança de atitude e que tenha ações proativas nessa esfera do exercício de humanidade. Atos de generosidade sempre farão um bem imensurável a quem os recebe, mas, mais do que isso, dão uma sensação incrível ao doador, ainda que em silenciosa euforia. É incontestável que muitas instituições filantrópicas não possuem outra fonte de renda, ou que sem essas doações elas não sobreviveriam.

O caso das torres gêmeas do WTC de Nova York, um ataque terrorista deliberado, levou morte e sofrimento a uma enorme quantidade de cidadãos do mundo inteiro, não só de norte-americanos, é bom frisar. O que comentar dos voluntários que, logo em seguida ao ocorrido, para lá se dirigiram, colocando as próprias vidas em risco, tendo muitos deles sido vítimas daquela tragédia? Quando ocorrem incêndios em florestas de várias regiões do planeta, para lá vão combatentes do fogo, profissionais da área da saúde e de tantos outros para ajudar, prestando um trabalho voluntário. Médicos, enfermeiros e dentistas vão a lugares remotos, onde há carência absoluta desses profissionais, a fim de prestar serviços de ajuda humanitária aos que padecem de sofrimentos nessas áreas.

Imaginemos uma região remota, cujos habitantes vivem em situação de abandono pela sociedade de seus países, em lugares que não chegam os benefícios de outras regiões melhor desenvolvidas, onde sequer há um médico — muito menos um hospital — nem um dentista que vá ao povoado, nem medicamentos, já que nem sequer conhecem uma farmácia. Não contam com saneamento básico, o acesso é uma via de chão batido, ou só se chega de canoa — caso de muitas populações ribeirinhas. E o que dizer de escolas? Configuram-se como populações com altíssimo grau de analfabetismo. Vivem em condições paupérrimas, com absoluta ausência de riquezas materiais e conhecimentos tecnológicos. Estão entregues à própria sorte.

Quando menino, acho que lá pelos meus 13 anos de idade, ganhei um livro de presente, que tratava da obra filantrópica de um médico alemão, Dr. Albert Schweitzer.[1] Nada me lembro dos detalhes, mas do contexto geral do livro, sim. A obra me marcou. O presente recebido se deu em uma época que nem imaginávamos algo como computador, internet, celular, TV a cabo... Aliás, a primeira TV da minha família foi adquirida no ano de 1963. Era uma GE Hotpoint, do tipo de imagens somente em preto e branco. Fabuloso para a época. A fonte de conhecimento se dava por livros, revistas, rádio e de pessoas para pessoas, como ouvindo os professores.

Nós, crianças, gostávamos de ouvir os adultos sobre certos assuntos, como bem me lembro das discussões sobre o Universo. Junto com meus irmãos, sentávamo-nos com o nosso pai, ao relento, para apreciar o firmamento. Com pouca poluição atmosférica, era um êxtase se permitir a ter aqueles momentos. A TV veio a mudar isso, gradativamente, embora mais como entretenimento e menos como conteúdo. Nesse aspecto, tenho a sensação de que estamos em pior situação, hoje em dia. A fonte bibliográfica me socorre agora, abastecendo-me com um sumário surpreendente sobre o Dr. Schweitzer. Os fatos que não se relacionavam com a vida em um país africano, entregando-se de corpo e alma para ajudar os enfermos, me haviam escapado de registro e meu cérebro ainda não salva conteúdo na nuvem. Nem sei ao certo se quereria isso, caso fosse possível. Neste breve exame sobre a vida do médico, soube que ele nasceu em 1875 em Kaysenberg, França, parte do Império Alemão. Essa região da Alsácia tinha um dialeto peculiar, pois ora a região passava para a França, ora para a Alemanha. Após a Segunda Grande Guerra Mundial, a França veio a recuperar a região, até hoje sob seu domínio. Os dialetos sobrevivem, mas a região é bilíngue.

Nosso personagem estudou música em conservatório, mas se tornou doutor em Filosofia e mais tarde um licenciado em Teologia. Dentre tantas habilidades, era um exímio intérprete das obras de Bach em seu instrumento, o órgão. Foi um palestrante e pastor protestante respeitado. Sua trajetória de sucesso foi interrompida por um chamamento da medicina, na qual veio a se formar. No ímpeto de prestar ajuda para a população carente, mudou-se com a esposa para o Gabão, na África, em 1913, portanto, há pouco mais de um século. Lá se instalou em condições de absoluta precariedade, mas parece que isso o fortalecia ainda mais em seu objetivo de ajudar o próximo.

Na época da Primeira Guerra Mundial foi tornado prisioneiro de guerra, por ser alemão, tendo sido transferido para a França. Para nos darmos conta do quanto a sociedade consegue ser insensata. Terminada a guerra, valeu-se de sua capacidade musical sobre a obra de Bach e realizou vários concertos, além de palestras. Dessa forma, angariou recursos para regressar ao Gabão e reabrir seu hospital. Seu trabalho filantrópico foi formalmente reconhecido, na forma de Prêmio Nobel da Paz em 1945. E ele faleceu em 1965. Que exemplo notável de filantropia e de amor ao próximo. Que vida de vitórias. Que este vencedor possa nos servir de inspiração.

A presente pandemia da Covid-19 acendeu a chama da solidariedade em muitos de nós, que temos sido falhos neste sentido. Omissão esta que espero ter se transformado para algo consistente e duradouro, e não efêmero. É visceral a dor de ver alguém sofrendo com a carestia, por ter perdido sua renda. Mais cruel ainda quando famílias com crianças passam por essa privação. Todos nós podemos fazer um pouco mais e fugir da acomodação. Espero que não retornemos ao estado anterior, tão logo essa pandemia virar apenas história. Esta transformação é benéfica para todos e desejo que seja eternizada no seio de nossa sociedade. Que cada um encontre uma forma de prestar sua contribuição aos que necessitam. Se uma dona de casa, com parcos recursos financeiros, tem habilidades para bordar, que colete material suficiente com amigos, parentes e vizinhos e se ofereça para passar uma tarde em um lar de crianças carentes para ensinar essa arte. Eu já me comprometi a tocar e cantar para certas entidades em algum momento, passada a fase do isolamento corporal mandatório, para propiciar momentos de entretenimento aos necessitados. Nisso, nada há de excepcional. Em cada recanto há músicos que se doam dessa forma. Dar alegria pode representar uma singela contribuição, melhor do que nada, e me apraz não deixar que a tristeza prevaleça no âmago dessa questão social, cuja oportunidade está ao meu e ao seu alcance, levando um pouquinho de nós a uma casa de acolhimento, a um lar de idosos, a um centro de reabilitação de crianças portadoras de doenças graves ou a um pequeno hospital localizado na região. Inúmeras são as formas de participarmos desse processo.

Louvo aqui uma iniciativa da UFRGS, que agora detalho, onde a Escola de Administração lançou um projeto de consultoria grátis, todo online, para ajudar as pequenas e médias empresas do estado do Rio Grande do Sul e que enfrentam sérias dificuldades diante da crise econômica provocada pelo isolamento social, devido a pandemia da Covid-19 O projeto recebeu o nome de SOS PME, onde PME se refere às pequenas e médias empresas. Cerca de uma centena de empresas interessadas viram o anúncio nas redes sociais e se inscreveram. A coordenação dividiu os voluntários da UFRGS em grupos de 3 a 5 pessoas, compreendendo professores, todos doutores, alunos de pós-graduação e graduandos. A eles, foram incorporados voluntários não pertencentes à universidade. No total, são cerca de 200 pessoas fazendo um trabalho não remunerado para ajudar a essas pequenas empresas a superarem a crise. Eu logo me candidatei e, até o momento, participei de um pequeno grupo que realizou consultorias para três empresas. Trabalhando de casa, fizemos reuniões virtuais entre os integrantes do grupo de consultoria e outras, também por videoconferência, com os empreendedores dessas empresas. Formamos grupos de WhatsApp e assim nos comunicamos, e trabalhamos, remotamente.

Para mim, com larga vivência de empreendedorismo, de gestão e de consultoria empresarial, criou-se mais uma oportunidade de aprendizado propiciado por esse projeto e pelo conhecimento adquirido, vindo do mundo acadêmico, com novas ferramentas sendo incorporadas, inclusive de softwares que desconhecia. É uma troca benéfica a todos. O mundo deve ser mais colaborativo e o caso atual desse projeto é um grande exemplo de como iniciativas que envolvem pessoas, e que se relacionam em torno de um objetivo comum, com um mesmo propósito, podem se realizar.

No SOS PME, a colaboração reina. Todas as áreas postam suas ferramentas, seus artigos, e suas recomendações, para que os demais grupos tenham acesso e possam ser mais assertivos em suas sugestões para as empresas. É algo gratificante, elevado à enésima potência. Seremos outros seres humanos, se praticarmos o bem e a generosidade. Essa sensação só nos traz benefícios e melhora nossa autoestima. Isso é bom para tudo na vida. Então, vamos mudar, nos transformar, abraçando mais essa missão na vida e melhorando a imagem que temos de nós mesmos. Se o fizermos, nos sentiremos vitoriosos!

Endnotes

1 <https://www.pensador.com/autor/albert_schweitzer/biografia/>. Acesso em: 28 abr. 2020.

ARTES, ESPORTES E OUTROS INTERESSES

IMAGINO QUE TODO HABITANTE DESTE PLANETA GOSTE DE alguma coisa que não seja a sua principal atividade, algo que lhe toma um certo tempo. Não me refiro àquela relativa à profissão ou a de dona(o) de casa. Uma mãe que se dedica a cuidar de sua família e da casa onde vivem, em tempo integral, pode gostar de algumas atividades extras, como ler, bordar, fazer pinturas em panos de prato ou em cerâmica, cuidar das flores ou, até mesmo, ter um momento com as amigas e vizinhas simplesmente para conversar e comer as delícias que cada uma sabe tão bem preparar.

O marido, trabalhador da construção civil, sonha com a época das pescarias, seu esporte predileto. Já o vendedor de calçados se inspira e transpira na labuta, imaginando o próximo jogo de futebol entre amigos — as ditas peladas — no sábado à tarde, se o clima permitir. Muitas pessoas apreciam os encontros com grupos de sua igreja, ou com colegas de excursões, de motociclistas ou jipeiros. Outros em turmas de caminhadas. Conheci um médico brasileiro, doutor em oncologia, que usava seu tempo livre para a prática do Xadrez. Inclusive, montou uma escola para crianças praticarem este jogo, que exige dedicação, estudo e disciplina. Chegou a levar tão a sério seus estudos de Xadrez, que resolveu aprender russo para conhecer alguns jogadores e técnicos desse jogo na própria Rússia. Assim o fez. E, por meio dessa iniciativa, os alunos enxadristas passaram a desenvolver habilidades de disciplina, estratégia, tática, paciência, memória e raciocínio. É um jogo que toda escola deveria oferecer aos alunos, mas apenas algumas o incorporaram ao currículo.

Um pescador profissional sabe que precisa enfrentar todas as adversidades que permeiam sua profissão. Talvez o que o distraia dessas agruras é não ver a hora de se reunir com seus amigos e familiares mais próximos para um carteado. Outros, para a festa popular do feriado que se acerca. Imaginam como vão preparar sua fantasia. Alguns sabem que terão que ensaiar mais para esse evento, pois são integrantes da banda municipal, que vai desfilar durante os festejos juninos. Há aqueles que desenvolvem suas danças em seus grupos de folclore regional. E os carnavalescos que passam o ano se preparando para uma semana de desfile apenas? A atividade preferencial de muitos outros é a de fazer uma boa comida para seus convidados, então leem e assistem aos programas de TV apresentados por chefs famosos. Compram seus livros sobre o tema e se dedicam a aprender mais e mais, exercendo a paixão pela culinária. Amam mostrar suas habilidades aos outros, preparando pratos deliciosos.

É comum que passemos por diferentes áreas de atividades extras ao longo de nossas vidas. Eu já gostei de acampar, de velejar, de praticar tiro olímpico, de fazer mergulho autônomo, mas abandonei todos esses exercícios depois de ter praticado com afinco, alguns deles, como o mergulho, que me levou a realizar a prática em diferentes regiões e mares, inclusive no exterior. Jamais deixei de gostar de qualquer uma dessas atividades e, se posso destacar alguma que sempre me acompanhou, posso dizer que é a música.

Entre os meus 11 e 15 anos, tive aulas regulares de música e canto na escola onde eu estudava. A disciplina era parte do currículo daquela instituição. Sigo pensando que o ensino de música deveria ser obrigatório a toda escola, como uma disciplina complementar à formação educacional formal dos seus estudantes. O meu primeiro violão foi um presente de meus pais pelos meus 13 anos de idade. Tive momentos em que mergulhei mais a fundo na prática do meu instrumento e na composição de minhas músicas, tendo que constituir mais de uma banda para me acompanhar em meu trabalho autoral com apresentações esporádicas aqui e acolá. Também participei de grupos vocais. Houve uma época que me deliciava em participar de festivais de música. Ficava com aquilo na cabeça o tempo todo. A música ainda segue acompanhando o meu pensamento. É uma atividade paralela ao exercício de outra, a profissional e principal, a de consultor e avaliador de empresas. Tenho investido na arte da minha música, pois pode ser uma carreira secundária. No mínimo, a música é o hobby mais sério de todos que já tive e a que mais me dá prazer, dentre todas as minhas atividades extraordinárias, pois jamais me dediquei a ser um instrumentista virtuoso, nem teria talento para tal, mas tenho tido esforço notório para compor — letra e música — e para deixar bons registros desse trabalho. Tenho dois álbuns gravados, chamados de Compact Disk (CD') e dois Extended Play (EP), que são os mesmos CD's, porém com poucas músicas, em geral de 5 a 7 faixas apenas. Sou o intérprete do meu próprio conteúdo.

Como já escrevo letras de músicas, pensei em escrever livros também. Fiz um primeiro em 2018, que trata de gestão. E agora este, bem mais universal. Já me estruturando para um terceiro mais adiante. Me transformei para realizar um sonho.

O isolamento corporal durante a presente pandemia proporcionou-me um tempo do qual não dispunha antes. Não gasto mais do que uma hora por mês me locomovendo, externamente, do meu apartamento. Essas horas todas que economizo durante a semana me permitem escrever e compor novos trabalhos, muito mais do que conseguiria em qualquer época. Tenho publicado meu conteúdo musical nas mídias sociais e no *streaming*, onde qualquer um pode acessar os áudios do trabalho dos artistas. Consigo também alcançar um público que jamais conseguiria de outra forma, com um detalhe importante: sem sair de casa. Este é um dos meus sonhos. Como é bom ser reconhecido, ainda que não tenha nenhuma fama e tampouco qualquer aspiração neste sentido. A ideia de que os amigos e um sem número de pessoas que desconheço entrem em um desses canais digitais e lá deixem seus registros de que gostaram, ou com algum comentário positivo sobre a obra, é algo que me satisfaz e me faz gostar mais ainda de viver. É como um artista dedicado à pintura de quadros. O sonho dele é ver sua obra disseminada pelos admiradores dessa sua arte. Aliás, outra de fundamental importância na história da civilização, assim como a escultura e a escrita. Pouco saberíamos da história das civilizações antigas sem que naquela época alguns iluminados artistas houvessem feito seus registros para a posteridade.

A leitura é outra atividade que atrai muita gente. Bons livros geram prazer quando desfrutamos de sua narrativa e adquirimos conhecimento. A tecnologia atual substitui parte do consumo de livros físicos, impressos em papel, por formatos digitais, os e-books. Basta baixar um aplicativo, que é geralmente pago, e desfrutar da leitura no momento que quiser. Pode ser até mesmo no smartphone, o que facilita muito aqueles que fazem viagens em transporte coletivo.

Estou perto de completar duas décadas como integrante de uma confraria de dez membros assíduos, todos amantes de vinhos. Nos reunimos mensalmente e degustamos vinhos de diferentes tipos, regiões e preços. É um prazer difícil de ser explicado. Nos tornamos amigos e, quando formamos o grupo, apenas um era conhecido meu, justamente o amigo que me fez o convite. Outro grupo de quatro casais, igualmente amantes de vinho, de uma boa comida e de muita prosa, costuma se reunir periodicamente para usufruir desses momentos mágicos, tão aprazíveis. Há confrarias de grupos cuja dedicação se dá pela degustação de cervejas, de charutos... O que importa é estar com amigos.

Quando criança e adolescente, influenciado por um amigo, passei a colecionar selos. Frequentava uma sociedade de amigos voltada à filatelia e numismática. Me lembro de percorrer algumas ruas da cidade e entrar em cada escritório de empresas que passava para pedir selos de suas correspondências recebidas. Lembrando aos mais jovens de hoje, que há meio século não havia internet, e-mail, fax, nem celular e, tampouco, computador pessoal. A carta-postal era a forma de se enviar um documento para outras localidades e sempre com selos. Muito se aprendia sobre personalidades importantes, sobre países e suas moedas, sobre eventos de relevância e datas comemorativas. Tudo era motivo para os países emitirem seus selos postais. A atividade de colecionador, de qualquer coisa, ainda é comum, mas tenho a sensação de que já foi bem mais praticada do que é atualmente.

Se for para falar de viagens, um objetivo de milhões de pessoas, daria para escrever um livro somente daquelas que realizei. Nunca poupei esforços para viajar a diferentes lugares. Estive em cerca de 30 países, mas o curioso é que em alguns por mais de uma dezena de vezes. Verdade seja dita, eu viajava geralmente a trabalho e, estando em outro país, aproveitava para fazer um pouco de turismo. Noutras vezes, viajei com minha esposa, ou com ela e meus filhos, por turismo apenas. Momentos inesquecíveis. Experimentei várias atividades, como mergulho autônomo, tiro olímpico e esqui, que foram, igualmente, razões para viagens ao exterior. A neve é fascinante para a passar uma semana de férias. O que é aprendido em uma viagem é algo que não tem preço. Nada melhor do que estar no lugar para conhecer um pouco de sua história e cultura. Línguas e comidas diferentes, hábitos, arte, arquitetura e valores estão dentre as áreas que agregam extenso aprendizado ao visitante. Mesmo dentro do próprio país, o que se tem de opções é algo que jamais poderá ser visto em sua totalidade. Viajar deixa a pessoa mais cosmopolita e muito se aprende. Quem puder, faça suas economias e planeje uma viagem inesquecível. Isso deixa a pessoa mais feliz, tema que tenho repetido no livro, já que é um dos propósitos dele.

A razão de tratar desse tipo de assunto aqui neste livro é reforçar que o humano é um ser social. Ele precisa conviver em grupos, trocar experiências, aprender e ensinar, divertir-se e se confortar. Fundamental a cooperação e o compartilhamento. O lazer, como atividade extra, complementa nossa vida, deixando-nos mais ativos e radiantes. Creio que nossa atividade profissional se beneficie disso tudo, pois assim crescemos como cidadãos. Triste é aquele com poucos amigos. Sempre precisamos trocar confidências com alguém de fora do círculo familiar. Isso faz parte da natureza humana e a pandemia veio para provar este ponto. Se não houvesse a internet, estaríamos passando por um momento de muito mais sofrimento. O isolamento a que estamos submetidos entorpece nossas mentes e nosso corpo e pode nos levar à depressão. Graças a uma geração de obstinados por inovações, temos o mundo digital para superar esse momento único para a maioria de nós e manter nossa comunicação ativa. Mensagens digitais, claro, não substituem um aperto de mão ou um abraço. Poder ter minhas netas pequenas no colo e receber um abraço bem apertado delas me faz uma falta imensa. Que saudade!

Inúmeros amantes de uma atividade não profissional, mas que mereceu dedicação e amor, aprendizado por leitura, cursos e experiência, acabaram de transformar aquele extra em uma nova profissão. Para alguns adeptos, que passaram a exercer essa atividade, agora aliando o gosto com o propósito de um meio de vida, o trabalho se juntou com a felicidade por fazer algo que tanto aprecia. Assim foi o amante de mergulho que virou instrutor; o músico que, inicialmente, tocava em casa, depois com os amigos, até vir a ser um músico profissional; e, com o chef que montou seu próprio restaurante gourmet. O aficionado por futebol, ex-jogador de peladas de finais de semana, agora ganha uma renda extra atuando como treinador do futebol amador de seu bairro. Aquele sujeito curioso que costumava desmontar seu computador e substituir peças por outras, a fim de agregar maior capacidade e velocidade à máquina, passou a fazer isso para amigos, até que abriu sua própria oficina de manutenção desses equipamentos. Incontáveis são os casos de pessoas que migraram de seus empregos para alguma nova atividade, antes exercida como hobby. Isso serve como lição, pois é possível mudar de profissão, caso se perca o emprego, transformando conhecimento de causa em empreendimento. Essa virada, que muitos fazem, pode fazer a diferença para tantas outras pessoas e, a partir dela, o provento e a realização.

Outro ponto a ressaltar é que não existe um manual que obrigue alguém a ter apenas uma profissão, a qualquer tempo, posto que há pessoas que atuam em várias frentes. Sei de gente que exerce sua profissão principal no horário comercial, que dá aulas particulares aos sábados e, durante a semana, à noite, leciona nas escolas da região. Quando jovem, trabalhava em uma indústria, com jornada diária de mais de nove horas e dava aulas à noite, como tantos fizeram e outros ainda seguem fazendo. Talvez a empresa em que você trabalhe precise reduzir sua carga horária, por conta da pandemia. Com o salário igualmente reduzido, que tal ter uma segunda profissão, que lhe ocupe nesses horários vagos e, assim, complemente sua renda? Uma realização dessas dá um gosto de vitória.

Deixo a seguir o registro da letra de uma das músicas que compus durante essa pandemia de 2020. Ela fala de uma rainha imaginária, líder admirada por sua população, somente para uma breve reflexão.

ARTES, ESPORTES E OUTROS INTERESSES

Minha rainha
Marco Juarez Reichert

Que rainha celebrada foi aquela cuja vida
Entre seus súditos e nobres se deu com gentileza
Lembrada pela história agora revivida
Transpassa gerações com própria singeleza

Seus afagos disputados por toda essa gente
Não importava se fora abastada ou desvalida
Citados no enredo ao léu desse meu samba
A história por si só é mais do que eloquente

Sua passagem reluzente em nossas lembranças
Seja através de novos contos de gentis idolatrias
Em prosas e poesias mais do que enaltecidas
Narrativas decantadas jamais ficam esquecidas

Minha rainha formosa e predileta
Nos anais de nossa imaginação
Aquela com áurea tão dileta
Cuja luz iluminou uma grande nação

UMA VENCEDORA

Aquela menina paupérrima, filha mais velha de uma família digna e orgulhosa, nasceu em julho de 1933, no pequeno município de Pinhal, próximo à Taquara, RS. Seus primeiros anos, vivendo em casa com paredes construídas de varas e de barro, sem assoalho, de terra mesmo, tiveram marcas profundas de sofrimento e superação na sua formação. Cedo, perdeu dois pequenos irmãos, mas três lhe restaram. Contudo, a família precisava seguir driblando obstáculos. Após isso, veio a Segunda Grande Guerra Mundial e a mesma garotinha recolhia mamonas nos matos vizinhos, que eram vendidas às fábricas de extração de óleo. A coleta de objetos metálicos descartados na localidade também contribuía para a renda familiar, uma vez que o país necessitava muito de alumínio e ferro naquele período de dificuldades.

Ainda jovem veio com a família para Novo Hamburgo. Sua mãe, uma exímia costureira, começava a formar clientela. Já seu pai, um operário de indústria de calçados, era firme na condução de sua família. A jovem também começou a trabalhar como operária de uma fábrica de sapatos. Tinha o curso primário e se destacou nele, dada a sua rara inteligência. Casou-se aos 20 anos com outro trabalhador da indústria, vindo de uma família de colonos, descendentes, de longe, de imigrantes alemães. A jovem enfrentou preconceitos por parte da família de seu marido, pois não era loira e nem protestante, pelo contrário, era morena e católica. Além disso, não falava alemão, o idioma que a família de seu marido usava no seu cotidiano. Mas com o tempo e perseverança conquistou a admiração daquela família.

Com 21 anos se tornou mãe. Seu primeiro filho desfrutou de certa exclusividade e privilégio, como filho único, por quase seis anos. A mãe, então professora primária, galgou espaço na carreira e se converteu em diretora de uma escola municipal, em uma vila da cidade onde morava. O marido já havia progredido em sua carreira profissional e galgara a profissão de bancário. A professora era rígida, com valores éticos inabaláveis, com um temperamento forte, rígido e, por vezes, fleumático, assim como o marido o era também. Possuía rara habilidade de diálogo e era hábil para dar conselhos e ditar regras. Dessa forma, criaram seus três filhos, todos homens. Esses valores foram igualmente transmitidos à sua prole e têm regido suas vidas. Princípios estes que perduram e servem de modelo até mesmo aos netos daquela mulher.

Não foi nada fácil ser professora primária, com inúmeras provas e trabalhos para corrigir em casa, criar três filhos e atender ao marido, dentro de um casamento bem tradicional. Enquanto seu filho mais velho fazia o ginásio regular, quatro anos em boa escola, a mãe estudava à noite, fazendo o Artigo 99, uma espécie de supletivo. As aulas eram à distância, pelo rádio e o conteúdo em apostilas. Não existia o computador pessoal e internet ainda. Formou-se, com notas altíssimas. Ela, adulta, mas ainda jovem, perdeu seu pai com pouco mais de

50 anos e mais adiante uma irmã com 29. Na época em que seu primogênito fazia o curso Técnico de Química, a mãe resolveu fazer o curso Normal, o segundo grau, durante as férias de inverno e de verão, intensivamente, e por três anos. Era um curso presencial. Formou-se e com isso se habilitou ao concurso para professora do estado. Não parou por aí. Entrou na Universidade Unisinos e se graduou em Letras, com ênfase em literatura brasileira. Suas notas, nem é preciso citar, sempre altíssimas. Mais aulas, agora no município e no estado. Afinal, junto com o marido, precisava pagar e sustentar os dois filhos mais novos, que cursavam medicina em Porto Alegre e ainda ajudar o mais velho, sempre que era preciso — o que não era nada raro. Agora, mais uma tragédia nesse percurso: perde um irmão e posteriormente sua mãe. Restou-lhe, daquela sua família original, apenas uma irmã, a mais nova da prole de seus pais.

Já com mais de 60 anos, passou a ter uma dor terrível na face e sem cura na grande maioria dos casos semelhantes. Até hoje sofre com essa doença dos trigêmeos, um complexo de nervos, enfermidade conhecida como a doença do suicídio. Teve ainda uma séria meningite, que foi superada pela sua tremenda vontade de viver. Convive, até os dias atuais, com dores tão fortes que a fazem chorar, mesmo com toda a medicação. Faltando três meses para completar 60 anos de casada, perde o marido. Profunda depressão, mas seguindo com seu destacável amor à vida, supera a perda, em que pese a saudade eterna. Ainda hoje gosta de reunir os filhos, conversar com eles, ouvir o que eles têm a dizer, mas ao mesmo tempo não perdeu aquela capacidade de liderar uma família, de fazer prevalecer seus conselhos. Legítima matriarca, que gosta de aglutinar sua família. Exemplo de mentora e coach.

Como resultado desta vida, a senhora Marina Izar Reichert, hoje com 87 anos, que lê pelo menos 20 livros por ano, sente uma alegria renovada com suas 3 bisnetas. A "Bisa", tem grande orgulho dos seus três filhos, dois deles mais novos e médicos, com mestrado e doutorado. Todos os seus cinco netos possuem curso superior, e sua única neta é mestre e doutora em administração de empresas. Um dos netos está fazendo seu doutorado. Enfim, descendentes bem encaminhados na vida, motivo de muito orgulho para essa mulher tão perseverante. O filho mais velho, não saciado em sua vontade de empreender, herdou dela aquela preocupação e amor à sua família. Nem podia ser diferente.

Rendo assim a minha homenagem a todas as mulheres, tremendas vencedoras na vida tão exigente e de luta desigual, muitas vezes, assim como minha mãe, a personagem real dessa história aqui contada. Da mesma forma, a minha amada esposa, lutadora destemida, que igualmente fez de sua família o seu bem mais precioso e, assim, justifica sua vontade de seguir nessa jornada, lutando contra o mal que está acometida. Tem sido um privilégio incomensurável ter essas mulheres em minha vida, assim como meus filhos, genro e nora, e, sem dúvida alguma, minhas queridas netas. Não esquecendo também de meus irmãos e suas famílias que também ocupam um lugar no meu coração. Que sorte a minha!

Figura 6: Futuro

CONSIDERAÇÕES FINAIS

AS MUDANÇAS ATUAIS TÊM CHEGADO EM UM ESTALAR DE dedos. A pandemia da Covid-19 estava em curso durante o tempo em que eu escrevia este livro. Precisei revisar o sumário, refazer partes já escritas, incluir outras e buscar por novas fontes de informações. Foi uma reviravolta no conteúdo. Esse acontecimento reforçou a ideia central do livro, de que fatos novos, os quais impactam grande parte da população, sem limitações geográficas, não desaparecem sem deixar marcas profundas na humanidade. E, se sobrevivermos a mais essa pandemia, esperando complacentes, seremos sim vítimas do nosso conformismo diante do que está por vir de transformações aceleradas e exponenciais. A bem da verdade, o fato não é novo. Quantas epidemias já tivemos? Algumas foram descritas no livro, outras não. Precisamos melhorar como sociedade radicalmente. Como a humanidade é formada de pessoas, cada um deve fazer sua parte.

Alguns indivíduos têm iniciativas próprias e se movimentam proativamente quando se sentem ameaçados. Sendo possível, aproveitam as oportunidades surgidas e partem para algo novo, buscam alternativas, melhoram naquilo que já faziam bem — mas que perdeu parte de sua essência e efetividade para a nova configuração do complexo padrão de um novo mundo. Outras pessoas, nem tanto. São aquelas que precisam que alguém lhes incentive a sair da letargia que as domina e da mordaça que as impede de pedir auxílio. Talvez elas não mereçam essa rotulação, mas simplesmente não entendem que precisam mudar. Direito delas e que precisa ser aceito e respeitado. Outras, bem que poderiam ser atingidas por um feixe de luz na escuridão que mostre opções de caminhos a percorrer. Que passem a peregrinar, com passos mais largos, em terras ainda não desbravadas. Me apraz o fato de nutrir a esperança de testemunhar uma inserção no *modus operandi* daqueles indecisos e de outros, acomodados, que gostariam, mas não sabem como mudar. Aqueles que desbravam o desconhecido com desenvoltura, assumindo riscos e pagando um preço, mas que se abastecem do colhido de suas conquistas, são os que merecem os créditos maiores. Este grupo é alvo deste livro, Infelizmente, nem todos aceitam qualquer interlocutor, preferindo achar que as dificuldades não os atingirão ou, simplesmente, que a sorte fará com eles o que o destino lhes tem reservado. Genericamente falando, indivíduos e organizações assim não costumam sobreviver por muitos anos, já que o tempo não pode ser postergado. Esta obra criou uma expectativa para mim, que representa um estímulo para levar uma mensagem, apoiada em uma revisão contextual das grandes transformações na história, com as possibilidades do que virá em um futuro que se acerca de nós. Se meu objetivo tiver sido inteligível, como estímulo para que indivíduos se transformem e possam se adaptar aos novos tempos, terá valido muito a pena.

Está mais do que na hora das pessoas se verem como provedoras de serviços, os quais têm ciclos de vida. Para alongar este período em que geram rentabilidade ou benefícios, elas precisam ter consciência de como chegaram até aqui, conjecturar sobre o que virá, proximamente, e se preparar para enfrentar tudo que já está acontecendo. Os desafios vão se intensificar bem mais e muito em breve. As pessoas podem ter aperfeiçoamentos incrementais, o que, por si só, pode não bastar. Em analogia com produtos comerciais, novas versões deles são criadas, ano após ano, até que precisem ser descartados por outros novos, que atendam às funções requeridas pelo momento. Na vida real, cada pessoa deveria pensar em mudar de versão continuamente, alcançando vantagens competitivas e assim seguir por um longo caminho da sua existência. Quando alguém nasce, é destinado ao bebê um número de série, o da sua identidade e uma certidão de nascimento, tal qual um certificado de origem no mundo dos negócios. Na vida real é muito difícil mudar, ainda que queiramos. Hábitos arraigados por décadas, muitos dos quais são culturais, limitam os movimentos e são difíceis de serem mudados. Há que se convencer de que a vida funcionava, relativamente bem, o que pode ser verdadeiro para muitos, mas que tende a não mais funcionar do mesmo modo logo mais.

Alguns com sucesso, outros, em sua grande maioria, não conseguiram ainda realizar seus sonhos. Imaginam que possam ser iluminados por uma sorte grande em uma casa lotérica, o que os faz parar, semanalmente, em filas para realizar suas apostas. Querem ser agraciados, receber, mas sem se doar, sem merecer, sem dedicar intensos esforços em agir, enquanto é tempo, para não precisarem reagir, quando já poderá ser tarde. Seus dias são sempre iguais, pois fazem o que sempre fizeram. É para esse tipo de pessoa, o que também vale para as empresas com culturas organizacionais ancoradas e estáticas em um passado, que o livro visa levar sua contribuição. Elas precisam romper as barreiras que as impedem de se transformar e vencer as etapas vindouras em sua linha de tempo de um futuro que mostra sua face resumida já no presente.

Tenho a confiança e a pretensão de criar um olhar, com uma reflexão de cada leitor, de que há sim lugar para ele desfrutar seus dias com alegria. Ele poderá se aproveitar dos incontáveis recursos tecnológicos disponíveis e de novos a serem lançados. Soma-se a isso, o meu desejo de que mantenham um grau de humanização maior, exercendo o espírito de solidariedade e confraternizando mais, respeitando aos demais e justificando, com excelência, a sua presença entre nós enquanto sociedade. Inúmeras sugestões, que podem colaborar com esta ideia de cidadania, são apresentadas ao longo do livro.

Que o espírito de colaboração e iniciativas em favor da própria razão e do viver bem se manifestem no leitor, sendo benéficas aos demais e a si mesmo. Que seja este um prenúncio de uma metamorfose, que levará o leitor a ter uma vida cheia de oportunidades, sabiamente aproveitadas, e ele seja detentor uma vida mais feliz, como a de um vencedor, que é o que ele merece.

MENSAGEM DE ESPERANÇA

Nova era
Marco Juarez Reichert

Eu quisera para a Terra
Uma nova era
Um mundo sem guerra
Um futuro para a nova geração
Nova dimensão
De pré-paraíso chamaria este planeta
Seria belo como um cometa
E tão bem cuidado quanto um jardim
Cada pecado bem pequeno
Uma só religião
Língua universal
Todos os homens livres
Única nação

CONSIDERAÇÕES FINAIS 245

Figura 7: Seja único, um vencedor

LISTA DE ACRÔNIMOS

AMPROTEC	Associação Nacional de Entidades Promotoras de Empreendimentos Inovadores
API	Interface de Programação do Aplicativo
BCB	Banco Central do Brasil
BNDES	Banco Nacional de Desenvolvimento Econômico e Social
BRDE	Banco Regional de Desenvolvimento do Extremo Sul
CAD	Computer aided design
CCB	China Construction Bank
CD	Centro de distribuição
CD'	Compact disk
CIA	Agência de Inteligência Americana
Coronavírus	Covid-19
EAD	Ensino a distância
EP	Extended Play
ESA	European Space Agency
GE	General Eletric
GM	General Motors
GPS	Global Position System
IA	Inteligência Artificial
IBGE	Instituto Brasileiro de Geografia e Estatística
INPI	Instituto Nacional de Propriedade intelectual
IoT	Internet das Coisas
IPO	Initial Public Offering
MEC	Ministério da Educação do Brasil
NASA	National Aeronautics and Space Act
OTAN	Organização do Tratado do Atlântico Norte

P&D	Pesquisa e Desenvolvimento
PDV	Ponto de Venda
PIB	Produto Interno Bruto
RFID	Identificação por rádio frequência
SFN	Sistema Financeiro Nacional
STF	Supremo Tribunal Federal
STJ	Superior Tribunal de Justiça
SWOT	Strengths, Weaknesses, Opportunities and Threats
TI	Tecnologia da informação
TPU	Poliuretano Termoplástico
TRF	Tribunal Regional Federal
UFRGS	Universidade Federal do Rio Grande do Sul
URSS	União das Repúblicas Socialistas Soviéticas
USP	Universidade de São Paulo
VUCA	Volátil, Incerto, Complexo e Ambíguo
VW	Volkswagen
WWW	World Wide Web

ÍNDICE DAS FIGURAS

- **Figura 1**: Ciclo da inteligência para a tomada de decisões ... página 22
- **Figura 2**: Evolução do ser humano ... página 27
- **Figura 3**: Emojis ... página 39
- **Figura 4**: As quatro revoluções industriais ... página 46
- **Figura 5**: Profissões ... página 200
- **Figura 6**: Futuro ... página 240
- **Figura 7**: Seja único, um vencedor ... página 245

BIBLIOGRAFIA

ANDERSON, Chris. *A cauda longa: The long tail*. Rio de Janeiro: Elsevier, 2006. 15ª tiragem.

ARISTÓTELES. *Ética a nicômaco*. São Paulo: Martin Claret. 2015. Tradução e notas: Luciano Ferreira de Souza.

BLAINEY, Geoffrey. *Uma breve história do século XX*. São Paulo: Editora Fundamento Educacional, 2008.

BRYNJOLFSSON, Erik; McAFEE, Andrew. *The second machine age: Work, progress and prosperity in a time of brilliant Technologies*. Nova York: W.W. Norton, 2014.

CASE, Steve. *A terceira onda da internet: Como reinventar os negócios na era digital*. São Paulo: HSM, 2017.

DIAS, Maria Berenice. *Direito fundamental à felicidade*. Revista Interdisciplinar de Direito, [S.l.], v. 8, n. 01, dez. 2011. ISSN 2447-4290. Disponível em: <http://revistas.faa.edu.br/index.php/FDV/article/view/358>. Acesso em: 29 jun. 2020.

FAGAN, Brian. Origins. HART-DAVIS, Adam. *History: The definitive visual guide, from the dawn of civilization to the presente day*. Nova York: DK Publishing. 2007.

HARARI, Yuval Noah. *Sapiens: uma breve história*. Porto Alegre: L&PM, 2016. 9ª edição.

HART-DAVIS, Adam. *History: The definitive visual guide, from the dawn of civilization to the presente day*. Nova York: DK Publishing. 2007.

KAHNEMAN, Daniel. *Thinking, fast and slow*. Nova York: Farrar, Straus and Giroux, 2011.

KIM, W. Chan; MAUBORGNE, Renée. *A estratégia do oceano azul: como criar mercados e tornar a concorrência irrelevante*. Rio de Janeiro: Elsevier, 2005, 8ª edição.

KLUYVER, Cornelis A. de; PEARCE II, John A. *Estratégia: Uma visão executiva*. São Paulo: Pearson, 2010. 3ª edição.

LEE, Kai-Fu. *AI superpowers. China, Silicon Valley and the New World Order*. Nova York: Houghton, 2018.

MEIER, Roberto. Em matéria de Melissa Lulio de 20 de fevereiro de 2017, em <https://www.consumidormoderno.com.br/2017/02/20/geracao-baby-boomer-x-y-z-entenda/> Acesso em: 09 mai. 2020.

MEINEM, Ênio; PORT, Márcio. *Cooperativismo financeiro: Percurso histórico, perspectivas e desafios*. Brasília: Confebras, 2014.

OSTERWALDER, Alexandre; PIGNEUR, Yves. *Business model generation: Inovação em modelos de negócios*. Rio de Janeiro: Alta Books, 2011.

PLATÃO. *A República*. Tradução Leonel Vallandro. Rio de Janeiro: Nova Fronteira, 2014. Tradução de: Politeia.

PRAHALAD, C.K., HAMEL, Gary. *Competindo pelo futuro: Estratégias inovadoras para obter o controle do seu setor e criar os mercados de amanhã*. Rio de Janeiro: Elsevier, 2005. 19ª tiragem.

REICHERT, Marco Juarez. *Gestão sem estresse: Técnicas e ferramentas aplicadas*. São Paulo: Casa do Escritor, 2018.

Relatório da CIA: Como será o mundo em 2020/apresentação de Alexandre Adler; introdução de Heródoto Barbeiro; tradução de Cláudio Blanc e Marly Netto Peres. São Paulo: Ediouro, 2006.

RMMG Revista Médica de Minas Gerais, volume 19.2. Autores: Dirceu B. Greco1; Unaí Tupinambás2; Marise Fonseca2.

SCHWAB, Klaus. *The fourth industrial Revolution*. Nova York: Crown Business, 2017.

TALEB, Nassim Nicholas. *A lógica do cisne negro: Impacto do altamente improvável*. 10ª ed. Rio de Janeiro: Best Seller, 2016.

TALEB, Nassim Nicholas. *Antifragile: Things that gain from disorder*. Nova York: Random House, 2014. 10ª edição.

TSU, Sun. *A arte da guerra*. Os menores livros do mundo. Editor responsável: Alberto Briceño. 2008.

ÍNDICE

A

Agricultura 153
Albert Einstein 33, 134
Alianças estratégicas 153
Alibaba 203
Alipay 191
Amazon 88, 125
Antifragilidade 204
Aristóteles 99
A Segunda Era das Máquinas 58
   acervo extraordinário de informações digitalizadas 58
   crescimento exponencial da evolução computacional 58
   inovação combinante 58

Associação Nacional de Entidades Promotoras de Empreendimentos Inovadores (Anprotec) 68

B

Banco Central do Brasil (BCB) 154
Bayer 212
Bigdata 88
Blockbuster 126
Bullying 99
   implícito 100

C

Canvas, ferramenta 145
Capitalismo consciente 154
China Construction Bank (CCB) 170
Ciclos econômicos 111
Cisne Negro, conceito 43
Colaboração, importância 63, 243
Computação quântica 169
Conectividade XV, 178
Construir reserva financeira 216
Continuidade linear acreditada XII
Cooperativismo 154, 159
Coworking 67
   prática de 68

Crescimento populacional 162
   Brasil 162
   Nigéria 161

Cultura organizacional 141

D

Deep learning (aprendizado profundo) 60
Defasagem tecnológica 90
Desenvolvimento mental XI
Dinheiro Virtual XV
Disrupção tecnológica 155
Diversifique seus investimentos 218
Doenças infecciosas que abalaram a humanidade 71
   Covid-19 71, 79
   Gripe Espanhola 71, 78
   Peste Bubônica 77
   Peste Bubônica ou Negra 71
   Varíola 71, 78

E

Educação financeira 191, 216
Efeito heurístico 24
Egolatria 223
Elon Musk 131
   Space X 132
   Tesla 132

Emojis, transformação da comunicação 39
Empreendedorismo XV, 205
Entidade 218
   pessoa física (PF) 218
   pessoa jurídica (PJ) 218

Envelhecimento populacional 76
Epicuro, filósofo grego 30
Era
   da colaboração 57, 168
   da Singularidade 60
   dos descobrimentos 49
      Cristóvão Colombo 49
      Pedro Álvares Cabral 50
      Vasco da Gama 49

Eremita digital XII, 30
Estratégia de ações 23

F

Fake News 110
Falta de
   competitividade 111
   reconhecimento 18

Fidelização 37, 152
Fintechs 157
Fordismo 53
   Henry Ford 53

G

Gerações
   babyboomers 91
   geração Alpha 94
   geração X 92
   geração Y 92
   geração Z 93
   nova geração 95
      idosos 95
      superidosos 95
   veteranos 89

Gestão
   de pessoas 134
   de tempo 134

Globalização 161
   do comércio internacional 54

Grandes invenções do Homem 31
   agricultura 31, 56
   Bigdata 58
   celular 34
   computação 54
   conquista da Lua 34
   escrita 31
   fogo 31
   inteligência articifial 59
   internet 34, 54
   penicilina 33
   prensa gráfica 32
   robótica 59
   roda 31
   smartphone 180
   sonda Sputnik 33

Grupo da letargia 130
Guerra Fria 92

H

Habilidade

de adaptação XI
de liderança 134

Humano como ser social 235

I

IBM 117
    Watson 117

Iluminismo 32
Impressão 3D XV, 59, 114, 170, 193
Inconfidência Mineira 32
Individualismo 223
Indústria 4.0 57, 110
Iniciativas 243
Inovações
    disruptivas XII, 25
    tecnológicas 169

Insurtechs 116
Inteligência
    Artificial XV, 24, 94, 170, 182
        invista em programas de 134
    empresarial 126

Internet das Coisas (IoT) XV, 59, 94, 170, 182
Intolerância 102
Isaac Newton 33

J

Jack Ma 203
Johannes Gutenberg 32

L

Leitura, como ferramenta 29

M

Martin Luther King 91
Matriz SWOT 76
Megatendências XIII, 73
    demográficas 160
    sociais 75
    tecnológicas 169
    tipos de 73

Metamorfose 243
Metodologias de Valuation 214
Migração para centros urbanos, problema 166
Mindset 188
    de gastador 216

Monitoramento de notícias 134

N

Netflix 126, 174

O

Objetivos sonhados 128
    tangíveis 128

Oceano azul, conceito 119
Open banking 158
Ostentação 223

P

Percepção dos diferenciais no mercado 159
PESTEL, ferramenta de gestão 74
PIX 192
Platão 20, 107
    alegoria da caverna 20
    mito da caverna 107

Polimaster 209

Polimix Argentina 211
PolyOne, 212
Práticas de finanças 215
Problema das imigrações 102
Problemática do desemprego 114
Processo de virtualização 80
   influência da Covid-19 no 80

Projeto SOS PME 227
Propósito 147
   X Visão 147

R

Razão 243
Reforma Protestante 75
   Martinho Lutero 75

Rendimento 217
Revolução
   Francesa 32, 75
   Industrial 25, 50, 54
      Primeira 50, 165
      Quarta 57, 169
      Segunda 52
      Terceira 25

   tecnológica XI

RFID, tecnologia 180

S

Segunda Grande Guerra Mundial 102
Sicoob 156
Sicredi Pioneira 156
Sinais de mudanças no mercado 126
Sistema Financeiro Nacional (SFN) 154
Situações contingenciais 215
Superior Tribunal de Justiça (STJ) 188

Atos, programa de IA 188
Supremo Tribunal Federal (STF) 188
   Vitor, programa de IA 188

T

Tecnologia da informação (TI) 24
Tecnologia disruptiva 69
Thomas Edison 52
Timing 187
Toyotismo 53
Turnaround 209

U

Unimed 160

V

Victorinox 26

W

Wechat Pay 191

CONHEÇA OUTROS LIVROS DA ALTA BOOKS

Todas as imagens são meramente ilustrativas.

CATEGORIAS

Negócios - Nacionais - Comunicação - Guias de Viagem - Interesse Geral - Informática - Idiomas

---

SEJA AUTOR DA ALTA BOOKS!

Envie a sua proposta para: autoria@altabooks.com.br

Visite também nosso site e nossas redes sociais para conhecer lançamentos e futuras publicações!

www.altabooks.com.br

ALTA BOOKS EDITORA

/altabooks • /altabooks • /alta_books

ROTAPLAN
GRÁFICA E EDITORA LTDA
Rua Álvaro Seixas, 165
Engenho Novo - Rio de Janeiro
Tels.: (21) 2201-2089 / 8898
E-mail: rotaplanrio@gmail.com